Universität der Bundeswehr München
Fakultät für Elektrotechnik und Informationstechnik
Institut für Physik

Quantisierte Zeit und die Vereinheitlichung von Gravitation und Elektromagnetismus

Gerhard Dorda

München, 6. Januar 2010

Bibliografische Information der Deutschen Nationalbibliothek
Die Deutsche Nationalbibliothek verzeichnet diese Publikation in der Deutschen Nationalbibliografie; detaillierte bibliografische Daten sind im Internet über http://dnb.d b.de abrufbar.
1. Aufl. - Göttingen : Cuvillier, 2010
Zugl.: München, Univ. der Bundeswehr, Diss., 2010

978-3-86955-240-8

Nonnenstieg 8, 37075 Göttingen
Telefon: 0551-54724-0
Telefax: 0551-54724-21
www.cuvillier.de

1. Auflage, 2010
Gedruckt auf säurefreiem Papier

978-3-86955-240-8

Meiner lieben Frau Anna

Inhaltsverzeichnis

Appendix A

Appendix B

Sun, Earth, Moon - the Influence of Gravity on the Development of Organic Structures

Einführung und Zusammenfassung

Die Menschheit hat seit jeher über die „Zeit“ nachgedacht, um ihr Wesen zu ergründen. Der Auslöser für das Interesse an der Zeit war und ist die allgemein gültige Beobachtung, dass in der Lebensqualität eines jeden Menschen alters-, d.h. zeitbedingte Änderungen stattfinden. Im Vergleich zu den Antworten auf die Wesensfrage z.B. der Materie, des Elektromagnetismus oder der Gravitation, sind die Erkenntnisse über die Zeit – trotz vieler, auch philosophisch geprägter Ansätze – bis heute bruchstückhaft geblieben.

Bekannt sind die Aussagen des Denkers und Bischofs *Augustinus v. Hippo* aus dem 4. Jahrhundert, der auf die Frage, was die Zeit sei, antwortete: “Wenn niemand mich danach fragt, weiß ich es; wenn ich es jemandem auf seine Frage hin erklären soll, weiß ich es nicht“ [1]. Er betonte aber, dass die Zeit mit der Entstehung von Masse und Raum verknüpft ist. Diese Einstellung zum Phänomen „Zeit“ ist bis heute unverändert geblieben. Das gibt z.B. das Buch „*Eine kurze Geschichte der Zeit*“ von *Stephen Hawking* zu erkennen [2]. Es ist die Frage nach dem Ursprung der Zeit, nach dem Wesen ihres Fließens, wie auch die Frage nach ihrer Anisotropie, genannt Zeitpfeil, alles ungelöste Probleme, mit denen sich vor allem theoretische Physiker aus dem Bereich der Grundlagenforschung befassen [3]. *Albert Einstein* stellte am Anfang des 20. Jahrhunderts als Lösung vieler Fragestellungen der Physik eine mathematisch formulierte Verknüpfung von Raum und Zeit vor, ein Ansatz, demzufolge die Zeit als vierter Raumparameter anzusehen ist. Dieses Modell, das von einem *Raumzeit-Kontinuum* ausgeht, geriet aber im Laufe des 20. Jahrhunderts in einen bis heute anhaltenden Konflikt mit der von *M. Planck, N. Bohr, E. Schrödinger, W. Heisenberg* u. a. initiierten Quantenmechanik. In der Folge wurden daher weitere Modelle vorgeschlagen, um diesen Konflikt zu lösen. *Stephen Hawking* und *James B. Hartle* versuchten durch die Formulierung einer imaginären Zeit einen Ausweg aus diesem Dilemma zu finden [4]. Dieser Ansatz ist ein rein theoretisches Konstrukt, welches aufgrund mathematisch begründeter Überlegungen die Zeit als eine Raumkoordinate darstellt – und zwar in Form einer imaginären Zeitkoordinate – und sie dann zu der uns geläufigen Zeit werden lässt. Im Gegensatz dazu versuchte die String- und Superstringtheorie bzw. die Loop-Quantengravitation anhand geeigneter Quanten die Struktur des ganzen Kosmos und somit auch der Zeit zu erfassen und zu beschreiben [5]. Bis heute hat aber diese vereinheitlichende Theorie keinen brauchbaren *experimentellen* Beweis geliefert, der auf deren Gültigkeit hinweisen würde. Der Quanten-, Gravitation- und Stringtheoretiker ***Lee Smolin*** äußerte sich kürzlich zu dieser Problematik in seinem Buch „*Die Zukunft der Physik*“ mit folgenden, äußerst prägnanten Worten:

„Was immer sich über Stringtheorie, Schleifenquantengravitation und anderen Ansätzen sagen lässt, sie haben sich .... noch nicht bewährt. ... Ich glaube, wir alle übersehen einen grundlegenden Aspekt, das heißt, wir gehen alle von einer falschen Annahme aus. ... Ich nehme stark an, dass die Zeit der Schlüssel ist. Mehr und mehr habe ich das Gefühl, dass sich Quantentheorie und allgemeine Relativitätstheorie in Bezug auf das Wesen der Zeit in einem schweren Irrtum befinden. Es reicht nicht, sie zu kombinieren. Es gibt da ein tieferes Problem, das möglicherweise bis zum Ursprung der Physik hinabreicht.

Etwa zu Beginn des 17. Jahrhunderts machten Descartes und Galilei beide eine höchst wunderbare Entdeckung: Man kann ein Diagramm zeichnen, dessen eine Achse der Raum und dessen andere die Zeit ist. Eine Bewegung durch den Raum wird zu einer Kurve im Diagramm. Auf diese Weise wird die Zeit abgebildet, als wäre sie eine weitere Dimension des Raumes. Die Bewegung erstarrt, und eine ganze Geschichte ständiger Bewegung und Veränderung wird uns dargestellt, als wäre sie statisch und unveränderlich. Wenn ich eine Vermutung äußern müsste, ist dies der Tatort.

Wir müssen eine Möglichkeit finden, die Zeit aus ihrer Erstarrung zu lösen – sie darzustellen, ohne sie in Raum zu verwandeln“ [6].

Wenn wir diese Stellungnahme von *Lee Smolin* zur Krise der heutigen Physik ernst nehmen, müssen wir auf die in den früheren Jahrhunderten übliche universelle Denkweise zurückgreifen. Von der griechischen Antike bis zur Renaissance war es eine Selbstverständlichkeit, verschiedenen Bereiche der Wissenschaften, wie die Arithmetik, Geometrie, Astronomie und Musik, genannt Quadrivium, gemeinsam mit dem Trivium, den Disziplinen Rhetorik, Dialektik und Grammatik, als Basiswissen auf den Universitäten zu lehren und zu betreiben. Es wird daher von vielen Wissenschaftshistorikern ausdrücklich beklagt, dass die fundamentalen Gebiete des Forschens, zu denen zu zählen sind Astronomie, Akustik, Optik, Physiologie, aber auch Musik, auf den heutigen Universitäten *getrennt* und somit voneinander isoliert behandelt werden. In diesem Zusammenhang gesehen ist es bei den theoretischen Physikern als ein Mangel zu betrachten, wenn sie a priori davon ausgehen, dass *das Weltall seinem Wesen nach mathematisch ist* – siehe z.B. *J.D. Barrow „Die Natur der Natur*“ [7], – statt die Mathematik als eine spezifische Sprache, als ein praktisches Mittel zur Verständigung anzusehen. Von einer solchen weltanschaulichen Einstellung gehen z.B. die Raum-Zeit Modelle *Einsteins*, von *Hawking & Hartle*, oder die der String- und Schleifenquantengravitations-Theoretiker aus. Man sollte aber nicht vergessen, dass der Mensch seine *ganze* Wahrnehmung der Verarbeitung der Signale der Sinnesorgane zu verdanken hat. So schreibt z.B. der Neurophysiologe *Antonio R. Damasio* in seinem Buch *„Descartes´ Irrtum*“ u. a.: *„Die Vorstellung dessen, was wir bis heute als dreidimensionalen Raum konstruieren, wird demnach im Gehirn entwickelt*“ [8]. Auch Verhaltensforscher weisen darauf hin, dass das Wahrnehmen der Welt zwischen dem Menschen und der Tierwelt grundlegend verschieden ist. In diesem Kontext gesehen erscheint die Konstruktion einer *vierdimensionalen* Raumzeit desto fragwürdiger, wenn wir bedenken, dass die „Zeit an sich“ im Wesentlichen durch das Gehörorgan, d.h. von den Augen völlig getrennt, wahrgenommen werden kann.

Wenn wir demzufolge einen neuartigen Zugang zu der Kategorie „Zeit“ suchen und finden wollen, müssen wir nicht nur auf das Wissen aus dem Bereich Physik und Astronomie zurückgreifen, sondern auch auf die Erkenntnisse der Physiologie und somit auch der Schallwahrnehmung.

In diesem Zusammenhang gesehen sollte neben dem Studium des Schalls und der Schallwahrnehmung auch ein Augenmerk der Musik geschenkt werden, da die Musik eine einzigartige Form der unbewussten Zeitwahrnehmung ist. Schon vor 300 Jahren äußerte sich der Polyhistoriker *Gottfried Wilhelm Leibniz* zu dieser Thematik mit folgenden Worten: „*Die Musik ist die verborgene Rechenkunst des Gemüts, das sich seines Zählens nicht bewusst ist*“ [9]. Diese Einstellung zum Phänomen Musik und somit auch zum Ton und zum Schall erscheint insofern bemerkenswert, da es bei einem Vergleich des Dominanzempfindens der verschiedenen Intervalle in der Musik einerseits– siehe *Plomp and Levelt* [10] – und der Dominanz der verschiedenen quantenbezogenen Zustände beim ***Quanten-Hall-Effekt*** (**QHE**) genannt auch ***Klitzing*-Effekt** [11] andererseits eine ***klar erkennbare Analogie*** zwischen den verschiedenen Zahlenverhältnissen (in der Musik der Obertöne und Intervalle, und im QHE der Quantenzahlen) gibt. Dieses Phänomen ist in ihrem Wesen vergleichbar mit der Verbindung zwischen Zahl und harmonisch empfundenen Tönen, das von den Pythagoreern vor 2 ½ tausend Jahren festgestellt wurde. Diese Analogie verweist im Rahmen einer Abhandlung über die Quantisierung der Zeit zwingend auf den QHE und dessen Analyse, da es sich beim QHE um die Auffindung von ***makroskopischen Quantenzuständen*** handelt [*Nobel*-Preise 1985 und 1998].

Um diese Zusammenhänge aufdecken zu können, wurde zunächst eine besondere Beachtung dem Prozess der Vermittlung des Schalls, der Physiologie der Schallwahrnehmung, wie auch der Fragestellung der menschlichen Zeitwahrnehmung geschenkt. In *Appendix A* wird gezeigt, dass, ausgehend von neuartigen, erstmals in [12] dargelegten experimentellen Erkenntnissen, eine Analogie zwischen Schall und Licht postuliert werden kann, die ein Modell der Quantisierung der Zeit zu Folge hat. Es ist bemerkenswert, dass die Vorstellung eines quantisierten Schalls kürzlich auch von *R.B. Laughlin* in seinem Buch „*Abschied von der Weltformel*“ zum Ausdruck gebracht wurde, siehe [13], S. 164-167.

Die als fundamental zu bewertende Hypothese über die Quantisierung der Zeit wurde weiter erhärtet, und zwar anhand einer Analyse der Planetenbewegung des Sonnensystems. Es wurde eine auf den *Einstein-Schwarzschild*-Radius bezogene Quantisierung der Gravitation und somit auch der Zeit definiert und auf das zweite und dritte *Keplerschen* Gesetz appliziert, siehe *Appendix B* und die Gleichungen (1) - (5) im *Teil 1*. Das zweite *Keplersche* Gesetz besagt:

1) Der Radiusvektor überschreitet in gleichen Zeiten gleiche Flächen, was mit anderen Worten ausgedrückt heißt, dass der Drehimpulssatz des Planeten konstant ist (siehe Gl.(19) in *Appendix B*); und das dritte Gesetz:
2) Die Quadrate der Umlaufzeiten (T) verschiedener Planeten verhalten sich wie die Kuben ihrer großen Bahnachsen (R). Mathematisch ausgedrückt dürfen wir demzufolge schreiben [14]:

$$\left(\frac{T}{2\pi}\right)^2 = \frac{R^3}{G\,M_y},$$

wobei M_y die Masse des Gravitationszentrum ist und G die Gravitationskonstante, (siehe auch Gl. (1) in *Teil 1*). Dieses Gesetz offenbart die kausale Verbindung zwischen Masse, Raum und Zeit. Wie in *Appendix B, Part I und Part II* [15] gezeigt wird, macht es die anhand des quantisierten dritten *Keplerschen* Gesetzes definierte Masse-Raum-Zeit-Verknüpfung möglich – und zwar gesehen im Rahmen der Deutung des QHE – einen Ansatz eines in organischen Zellen wirksamen ***Zeitgebers*** zu formulieren. Dieses Modell erfährt seine Bestätigung in der Beschreibung der experimentellen Erkenntnisse über den gravitativen Einfluss der Sonne und des Mondes auf organischen Strukturen, insbesondere auch auf den Menschen. Es ist darauf hinzuweisen, dass auch diese Ergebnisse das vorgestellte Modell der Quantisierung der Zeit als plausibel und berechtigt erscheinen lassen.

In Folge der in *Appendix B* offenbarten Erkenntnisse über die quantisierte Gravitation wird in *Appendix C* und in der vorweggenommenen Veröffentlichung [16] gezeigt, dass die quantisierte Formulierung des dritten *Keplerschen* Gesetzes außerdem zur Aufschlüsselung der Bedeutung der *Halos* [17] der galaktischen Systeme im Kosmos führt.

Ausgehend von der Deutung der Funktion der Halos als Ausdruck der Reichweite der von den Galaxienmassen wirkenden Gravitation ergibt sich nun, wie in dieser Arbeit, *Teil 1*, gezeigt wird, die unerwartete Möglichkeit, ein Modell zur Interpretation der Pioneer 10 und 11- bzw. Fly-by-Anomalien [18] vorzuschlagen. Die für die Deutung der Anomalie ausschlaggebende Hypothese ist die in *Appendix B und C* diskutierte Annahme, dass die gravitative Wechselwirkung durch Zeitquanten vermittelt wird. Um dieses als fundamental zu betrachtende Modell durch experimentelle Daten zusätzlich stützen zu können, werden im *Teil 1* die bekannten Daten der Sonne, der Planeten des Sonnensystems und des Erd-Mondes anhand des Zeit-bedingten quantisierten Gravitationsmodells ausführlich analysiert. Die dargelegte enge Verbindung zwischen Masse, mittlerem Radius und Oberflächenumlaufzeit zeigt, dass der distanzbezogene Zeitablauf sich an der Oberfläche der Himmelskörper voneinander unterscheidet. Diese Schlussfolgerung der gravitativ bedingten, distanzbezogenen Zeitablaufvariabilität wird zur Deutung des Pioneer 10 und 11-Anomalie [18] herangezogen, wodurch die Existenz einer im Kosmos wirkenden ***Richtungskraft*** offenkundig wird. Die Plausibilität dieses Modell ist insofern leicht erkennbar, und zwar bedingt durch die Tatsache, dass die Zeit und somit auch die eine gravitative Wechselwirkung verursachenden Zeitquanten keine Richtung aufweisen.

Im *Teil 2* wird nun gezeigt werden, dass die Applikation des Modells der Richtungskraft einen zusätzlichen Zugang zur Deutung des QHE erlaubt. Ausgehend von der Entdeckung dieser Richtungskraft kann eine auf der Dreidimensionalität des Raumes beruhende unterschiedliche Richtungsbezogenheit der reversiblen und der irreversiblen Zeit aufgezeigt werden. Weiterhin erweist sich als sehr hilfreich der hier erstmals zum Ausdruck gebrachte Ansatz, der Elektronladung – und zwar im Rahmen des MKS-Einheitensystems – einen Massenwert zuzuordnen. Die daraus folgende *Dreiheit* des Seins, bestehend aus {gravitative Masse, elektrische Ladung} – {reversible Zeit, irreversible Zeit bzw. Frequenz} – {Länge bzw. Distanz, Fläche, Raum} ist in Abb.0.1 schematisch dargestellt.

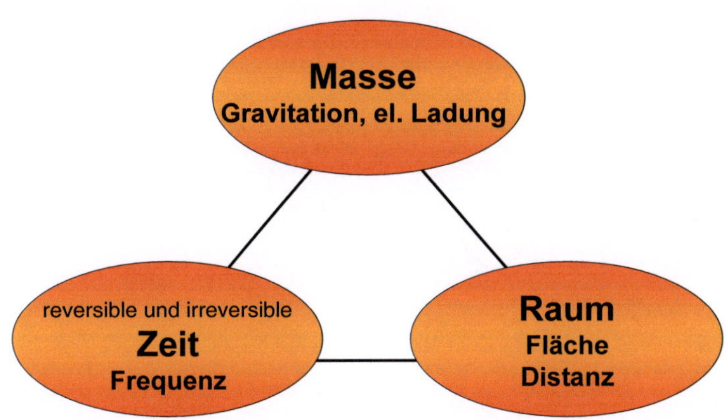

Abb. 0.1 *Schematische Darstellung der Masse-Raum-Zeit-Verbindung*

Dieser Ansatz macht es nämlich möglich, einerseits die experimentellen Daten des kritischen Stromes des QHE aufzuschlüsseln, und andererseits *eine Analogie des dritten Keplerschen Gesetzes mit dem Quanten-Hall-Effekt Gesetz aufzuzeigen, die die Existenz einer direkten Beziehung zwischen den gravitativen und den elektromagnetischen Phänomenen offenkundig macht.* Wie in *Teil 2* gezeigt wird, können aufgrund dieses auf den QHE applizierten MKS-Einheitensystem-Ansatzes folgende, weit reichende Schlussfolgerungen gezogen werden:

1) Der Wert der Elektronenladung ist nicht, wie bisher angenommen, frei wählbar, sondern von der Größe des gravitativen Feldes am gegebenen Ort abhängig. Demzufolge kann der physikalisch berechtigte, auf die Erdoberfläche bezogene Wert der elektrischen Ladung und der elektrischen bzw. magnetischen Feldkonstante angegeben werden.
2) Es besteht ein kausaler Zusammenhang zwischen Gravitation und Elektromagnetismus. Diese so formulierbare ***Vereinheitlichung zwischen Gravitation und Elektromagnetismus*** führt zu der bedeutsamen Erkenntnis, dass – im energetischen Sinne betrachtet – die zur *Planck*-Konstante *h* zuzuordnende Frequenz (d.h. Zeit) zwingend ihren *irreversiblen* Charakter repräsentiert, was in Einklang mit dem dritten *Keplerschen* Gesetz und der *Bohrschen* Drehimpulsgleichung gleichsam bedeutet, dass der *Planck*-Konstante selbst die *reversible* Zeit inhärent ist.

Diese hier dargelegten Schlussfolgerungen beruhen, wie im Teil 1 und 2 gezeigt wird, auf der aus den Phänomene des Schalls, der Gravitation und indirekt auch des Quanten-Hall-Effektes gezogenen Erkenntnis, dass ***die Zeit quantisiert ist.***

Teil 1

Die gravitativ bedingte Zeitablaufvariabilität und die Richtungskraft als Basis zur Deutung der Pioneer 10 und 11- und der Fly-by-Anomalien

1.1 Einleitung

In den letzten Jahren wurden bei astrophysikalischen Beobachtungen unerwartete Abweichungen von den berechneten Bahnen der Raumsonden festgestellt, benannt einerseits Pioneer 10 und Pioneer 11-Anomalie [18 - 21, und andererseits Fly-by-Anomalien [19, 21, 22]. Es ist bemerkenswert, dass trotz mehrjähriger intensiver Untersuchungen bis heute noch keine allgemein anerkannte Erklärung für diese Anomalien gefunden werden konnte. Ausgehend von einem neuartigen Ansatz zur Beschreibung der quantisierten Gravitation und somit auch der quantisierten Zeit wird in der vorgelegten Arbeit ein Modell präsentiert, welches die Möglichkeit bietet, für beide Anomalien eine Deutungsbasis zu liefern.

Schon vor nicht allzu langer Zeit brachte der String-Theoretiker *Lee Smolin* in seiner Monographie *The Trouble with Physics* [23] die Vermutung zum Ausdruck, dass die meisten Unlösbarkeiten im Verhältnis zwischen der Quanten-Theorie und der Allgemeinen Relativitätstheorie auf die Problematik der unvollkommenen Beschreibung und Interpretation der „Zeit" zurückzuführen sind (s. auch *Einführung und Zusammenfassung*, S. 9 - 14). Das Ziel der modernen Physik – so sein Vorschlag – sollte daher sein, die *Zeit an sich* experimentell und theoretisch zu erfassen und sie von der Raumfixiertheit zu lösen.

Es ist bekannt, dass unsere Jahrtausende alte Kenntnis der Kategorie „Zeit" auf Beobachtungen von zyklischen Phänomenen in der Natur beruht [15]. Es sind vor allem die Tages- und Jahreszyklen, die uns das Bewusstsein der Zeit vermitteln. Die in den letzten Jahrzehnten geläufige Präzisionsmessung der Zeit anhand der Atomuhren ist lediglich eine weitere Möglichkeit der Zeitbestimmung, wobei gewisse elektromagnetische Phänomene – und zwar unter Berücksichtigung der Konstanz der Lichtgeschwindigkeit – zunutze gemacht werden.

Der physikalische Hintergrund für die zeitbezogenen Phänomene ist vor allem in den Eigenschaften der Gravitation zu suchen. Es ist die zyklische Umlaufzeit, die uns das auf die Gravitation bezogene Zeitbewusstsein vermittelt. Bei einer genauen Analyse der elliptischen Bewegung der Planeten, bzw. der Erde um die Sonne, kam ein *Paradox* zum Vorschein, welches zeigte, dass bei der

Beschreibung dieses Vorganges nur die Änderung der Zeit maßgebend ist und nicht die der Distanz, siehe [24] und *Appendix B*, S. 81, und die hier kurz skizzierte diesbezügliche Erläuterung. Die aus der theoretischen Analyse der Planetenbewegung vorgefundene Tatsache deutete darauf hin, dass wir es bei der Umlaufzeit mit der „Zeit an sich", d.h. ohne der Raumabhängigkeit, zu tun haben. Wie in den folgenden Kapiteln gezeigt wird, kann diese Erkenntnis anhand einer auf makroskopische Quanten bezogene Analyse der bekannten Daten der Planeten unseres Sonnensystems bestätigt werden.

1.2 Das Modell der quantisierten Beschreibung der Gravitation und der Zeit

Die gravitativ bedingte Umlaufzeit T_y eines Körpers um die *punktuell* betrachtete Masse eines Himmelskörpers $M_{y,G}$ ist bei einer Distanz von R_y aufgrund des dritten *Keplerschen* Gesetzes gegeben durch [14]

$$T_y = 2\pi \sqrt{\frac{R_y^3}{G\, M_{y,G}}} \qquad (1.1)$$

wobei G die Gravitationskonstante ist, gegeben durch [25]

$$G = c^2 \frac{L}{M}\,. \qquad (1.2)$$

Hier ist c die Lichtgeschwindigkeit, L die *Planksche* Länge und M die *Plancksche* Masse.

Bei einer *räumlichen*, d.h. dreidimensionalen Betrachtung des Himmelskörpers behält die Gleichung (1.1) gleichfalls seine Gültigkeit, und zwar ab der Distanz $R_{y,\,surf}$, wobei $R_{y,surf}$ den *mittlere* Radius des gegebenen Himmelskörpers $M_{y,G}$ darstellt. In diesem Falle wird durch (1.1) ein Zusammenhang zwischen gravitativer Masse $M_{y,G}$, „Volumen" R_y^3 und Quadrat der Zeit T_y^2 angegeben.

Dieser Zusammenhang kann auch in *quantisierter* Form dargestellt werden. Wie schon in [15] bzw. *Appendix B,* S. 76-77 ausführlich analysiert und diskutiert wurde, wird hierbei eine Quantelung des auf die Gravitation bezogenen mittlere Radius R_y *postuliert*, gegeben durch

$$R_{y,n} = n_y\, \lambda_{y,G}\,. \qquad (1.3)$$

Hier ist n_y eine Quantenzahl und $\lambda_{y,G}$ der gravitative Referenzwert, gegeben durch den *Einstein-Schwarzschild* Radius, d.h. durch

$$\lambda_{y,G} = \frac{M_{y,G}}{M} L \quad , \qquad (1.4)$$

wobei $M_{y,G}$ die Masse des gravitativen Zentrums ist. Wie (1.3) anhand (1.4) zu erkennen gibt, bezieht sich die Quantenzahl n_y auf die Größe der Zentralmasse $M_{y,G}$.

Wenn wir die in (1.3) und (1.4) postulierte Quantisierung der Gravitation auf (1.1) applizieren und wenn wir die Umlaufzeit T zusätzlich durch die $1/2\pi$ Reduktion allein auf die Distanz, d.h. auf den 1-dimensionalen Raum beziehen, erhalten wir eine spezifische, in quantisierter Form dargestellte Umlaufzeit $t_{y,n}$, gegeben durch

$$t_{y,n} = \frac{T_{R_y, M_y}}{2\pi} = n_y^{3/2} \frac{\lambda_{y,G}}{c} \quad . \qquad (1.5)$$

Wegen des Bezugs des $t_{y,n}$ auf den eindimensionalen Raum nennen wir diese Umlaufzeit „*effektive* Umlaufzeit". Wie in den folgenden Kapiteln erkennbar sein wird, erweist sich diese spezifische Form als sehr praktikabel und sinnvoll. Daher, um eine bessere Klarheit gewährleisten zu können, werden wir in der Entfaltung unserer analytischen Betrachtungen über den Zusammenhang von Zeit, Raum und Masse ausschließlich das in (1.3) - (1.5) formulierte Quantisierungsmodell benützen.

1.3 Die gravitativ bedingten drei Bewegungsarten

Bisher erkennbar sind im Kosmos drei verschiedene, gravitativ bedingte Bewegungsarten:

1) Die Bewegung des Körpers (z.B. Satelliten ≡ Testmasse) um den Planeten: Sie ist gekennzeichnet durch die sog. kosmische Geschwindigkeit und ist gleichfalls, so wie der freie Fall, erfassbar mittels (1.5), bzw. mittels des dritten *Keplerschen* Gesetzes. Hierbei ist die Testmasse für die Beschreibung der Gravitation ohne Bedeutung, was schon *G. Galilei* bei seinen Untersuchungen des freien Falls festgestellt hat.
2) Die Bewegung der Planeten: Sie wird bestimmt durch die Masse des Gravitationszentrums $M_{y,G}$ (z.B. Sonne) und durch den mittleren Abstand $R_{y,n}$ von ihm. Diese beiden Werte ergeben nach dem dritten *Keplerschen* Gesetz die messbare Umlaufzeit $T_{y,n} = 2\pi\ t_{y,n}$. Auch hier ist die Masse der

Planeten, die als Testmasse der gravitativen Wirkung zu betrachten ist, ohne Bedeutung.

3) Die Bewegung des Sonnensystems um das schwarze Loch: Zur Beschreibung dieser Bewegung wird wiederum das dritte *Keplersche* Gesetz benützt, mit dem Unterschied zu den Planetenbewegungen, dass hierbei als gravitative Zentrumsmasse $M_{y,G}$ nicht allein die Masse des Schwarzen Loches, sondern die gesamte Masse, d.h. die „Dunkle Materie“ mit einbezogen, bis zur Oberfläche der quasi Kreisbewegungsfläche in Erwägung gezogen werden muss. Also dürfen wir hier von einer *emergenten* Masse M_y, bzw. von einer *Emergenz* [13] des dritten *Keplerschen* Gesetzes sprechen. Auch in diesem Falle ist die Testmasse (z.B. die Masse des Sonnensystems) ohne Relevanz.

Die drei Bewegungsarten machen erkennbar, dass das dritte *Keplersche* Gesetz als allgemeingültig betrachtet werden kann, d.h. es existiert im lokalisierten Zustand immer eine Verbindung zwischen Masse M_G, Raum R^3 (reflektierend den mittleren Radius R) und Zeit (in Quadrat) t^2. Nach diesem Gesetz ergeben zwei dieser beliebigen Werte den dritten Wert. Im Folgenden wird darauf aufmerksam gemacht, dass *diese M_G - R^3 - t^2 Verbindung von fundamentaler Bedeutung für das Verständnis der Zeit ist.* Um eine diesbezügliche Analyse und Erläuterung durchführen zu können, sind die Daten der Himmelskörper des Sonnensystems, entnommen aus der Brockhaus-Enzyklopädie (2006), zusammengefasst in Abb.1.1 – Abb.1.3 dargestellt.

Die Abb.1.1 zeigt, dass die aufgrund des dritten Keplerschen Gesetzes anhand (1.1) - (1.5) berechneten Umlaufzeiten $t_{y,surf}$ auf der Oberfläche der zum Sonnensystem zugehörigen Himmelskörper von dem mittleren Radius $R_{y,surf}$ fast unabhängig sind, eine bemerkenswerte Erkenntnis, die eine grundlegende Analyse erfordert. Der Hintergrund der relativ kleinen Abweichungen von einer $t_{y,surf}$ -Konstanz – erkennbar vor allem beim Saturn, Uranus, Jupiter und Neptun – werden im Kapitel 1.4 besprochen.

In Abb.1.2 ist die Umlaufzeit $t_{y.surf}$, bezogen auf den mittleren Radius $R_{y,surf}$ eines Himmelskörpers, in Abhängigkeit von der Masse $M_{y,G}$ angegeben. Auch hier sind die $t_{y,surf}$ -Werte fast konstant, was darauf hindeutet, dass die gravitativ bedingte Umlaufzeit $t_{y,surf}$ nicht allein vom Massewert des Massezentrums abhängig sein kann. Diese Problemstellung wird gleichfalls im Kapitel 1.4 erörtert werden.

Um die Eigentümlichkeiten der $t_{y,surf}$–Zeit ausführlich untersuchen zu können, wurde in Abb.1.3 die Abhängigkeit der $t_{y,surf}$ -Zeit vom umgekehrt proportionalen Wert der *mittleren*, d.h. *emergenten* Dichte der zum Sonnensystem zugehörigen Himmelskörper ρ_y aufgezeigt. Der graduelle Anstieg des $t_{y,surf}$ -Wertes mit $1/\rho_y$ von der Erde bis zum Saturn charakterisiert die beobachteten Abweichungen von der $t_{y,surf}$ -Konstanz, die in den Abb.1.1 und Abb.1.2 erkennbar sind, siehe auch Tab.I.

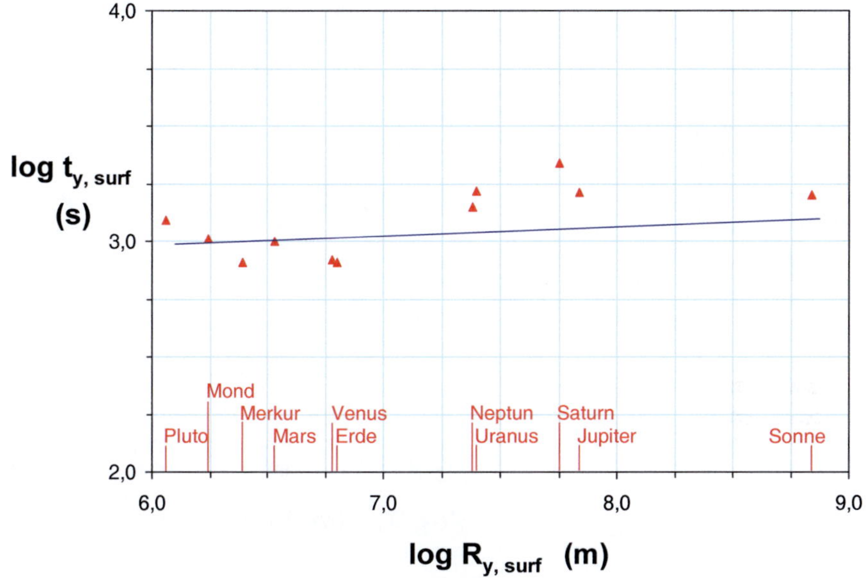

Abb. 1.1 *Die logarithmische Abhängigkeit der berechneten effektiven Umlaufzeit an der Oberfläche des zum Sonnensystem zugehörigen Himmelskörpers* $t_{y,surf}$ *von dessen mittleren Radius* $R_{y,surf}$.

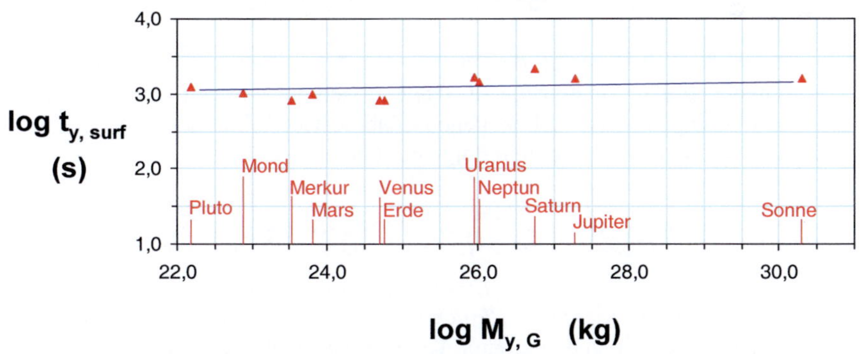

Abb. 1.2 *Die logarithmische Abhängigkeit der effektiven Umlaufzeit* $t_{y,surf}$, *bezogen auf den mittleren Radius des gegebenen Himmelskörpers* $R_{y,surf}$, *von dessen Masse* $M_{y,G}$.

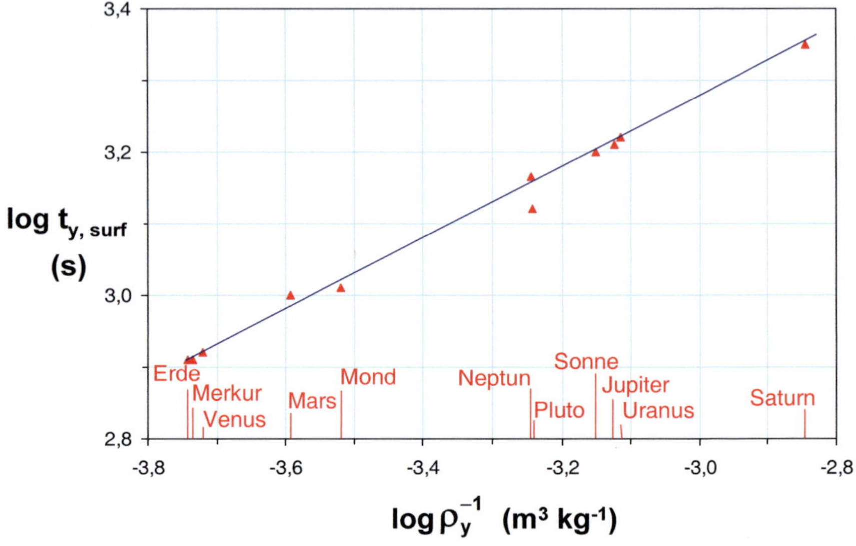

Abb. 1.3 *Die logarithmische Abhängigkeit der effektiven Umlaufzeit* $t_{y,surf}$ *von der umgekehrt proportionalen mittleren Dichte* ρ_y^{-1} *des betrachteten Himmelskörpers.*

1.4 Der unterschiedliche, Distanz bezogene Zeitablauf an der Oberfläche der Himmelskörper

Im Folgenden wird gezeigt, dass der in Abb.1.3 aufgezeigte lineare t_n vs. ρ_y^{-1} Zusammenhang den Hintergrund für das Erfassen der von den Himmelskörpern gravitativ bedingten, Distanz bezogene Zeitablaufvariabilität darstellt.

Die Linearität ist eindeutig eine Folge der Gleichung

$$t^2_{y,surf}\ \rho_y\ =\ \frac{3}{4\pi}\ \frac{M}{c^2L}\ =\ 3.578\times10^9\ \ kg\,m^{-3}\,s^2 \quad . \tag{1.6}$$

Weil aber die *Planck* Masse *M*, *Planck* Länge *L* und die Lichtgeschwindigkeit *c* als für den ganzen Kosmos geltende Konstanten betrachtet werden (siehe dazu die in [26] dargelegte Bemerkung), ist es berechtigt (1.6) und somit auch (1.1) als *allgemein gültig* aufzufassen.

Weil die anhand der experimentell ermittelten $M_{y,G}$- und $R_{y,surf}$-Daten in Fig.1.3 aufgezeigte $t_{y,surf}$ - $1/\rho_y$ Linearität die Gültigkeit der Gleichung (1.6) manifestiert, gelangen wir zu der Schlussfolgerung, dass die Gleichung (1.6), die mittels $t_{y,surf}$ den für den betrachteten Himmelskörper $M_{y,G}$ spezifischen

Zeitablauf an dessen Oberfläche angibt, eine *universell gültige kosmische Zeitablaufgleichung* darstellt. Um diese Bezeichnung begründen zu können, müssen wir die Gleichung (1.6) näher in Betracht ziehen.

Aus (1.6) folgt, dass das zum gegebenen Himmelskörper zugehörige Verhältnis zwischen der effektiven Umlaufzeit $t_{y,surf}$ und dem durchschnittlichen Oberflächenradius $R_{y,surf}$ *keine* allgemein gültige, feste Relation darstellt, sondern für jeden Himmelskörper aufgrund seiner zufälligen *mittleren*, d.h. *emergenten* Dichte ρ_y spezifisch ist. Von besonderer Bedeutung ist die Bezugnahme dieses Verhältnisses hinsichtlich der Erd-bezogenen Werte $t_{Earth,surf}$ und $R_{Earth,\,surf}$, d.h. bezogen auf den für uns üblichen Beobachtungsort. Anhand von (1.3) und (1.5) erhalten wir

$$\frac{\dfrac{t_{y,surf}}{R_{y,surf}}}{\dfrac{t_{Earth,surf}}{R_{Earth,surf}}} = \sqrt{\frac{n_{y,surf}}{n_{Earth,surf}}} \,. \tag{1.7}$$

Um dieses Ergebnis interpretieren zu können, müssen wir beachten, dass – wie die Gleichung (1.6) demonstriert – der Zeitablauf an der Oberfläche des Himmelskörpers von dessen Dichte, d.h. von dessen Masse und mittleren Radius abhängig ist. So zum Beispiel bei zwei Himmelskörpern gleicher Dichte aber mit verschiedenen Radien $R_{y,surf}$, wie z.B. im Vergleich von Erde und Merkur, ist laut (1.6) die Umlaufzeit an deren Oberfläche $2\pi\ t_{y,surf}$ gleich groß. Das bedeutet, dass wegen deren unterschiedlichen Umlaufängen $2\pi\ R_{y,surf}$ die Zeitabläufe an der Oberfläche unterschiedlich sein müssen. Wenn uns weiterhin bewusst wird, dass unser Zeitablauf durch die gravitative Masse und durch den mittleren Radius unserer Erde bestimmt wird, dann ergibt die Gleichung (1.7) das Maß für die Distanz bezogenen Zeitablaufunterschiede an den Oberflächen der Planeten des Sonnensystems, aber auch des Mondes und der Sonne.

In der letzten Spalte der Tab.I ist die auf die *Distanz-bezogene Änderung des Zeitablaufs* in Relation zum Zeitablauf an der Oberfläche der Erde angegeben. So z.B. ist der distanznormierte Zeitablauf auf der Mondoberfläche, gesehen im Vergleich zur Erdoberfläche, 4.7× schneller. Im Vergleich zu den Gegebenheiten des Mondes ist der Distanz bezogene Zeitablauf z.B. auf der Sonnenoberfläche 55×, bzw. auf der Jupiteroberfläche 5.4× langsamer als auf der Erdoberfläche. Diese relativistischen Ergebnisse, die in der Tab.1, letzte Spalte, zusammengefasst dargestellt sind, sind verblüffend groß, stehen aber prinzipiell in Einklang mit den Erwartungen der Einsteinschen Allgemeinen Relativitätstheorie. Zu beachten ist, dass diese anhand der Gleichung (1.7) bzw. des dritten *Keplerschen* Gesetzes erhaltenen Daten mathematisch auf sehr einfache Weise zu erhalten sind. Analoge Vereinfachungen bei der Beschreibung der Änderung des gravitativ bedingten Zeitablaufs, vermittelt durch wellenartigen *Energiequanten*, wie z.B. durch Licht oder bei den GPS Anwendungen durch elektromagnetische Wellen, sind in [27] bzw. in *Appendix*, S. 123-125 angegeben. Der Vergleich und die Gegenüberstellung dieser beiden Vorgänge, die zu einer gravitativ bedingten Änderung des Zeitablaufs führen, offenbaren uns, dass die Zeitablaufvariabilität auf zwei verschiedene Prozesse zurückgeführt werden kann: Erstens eine auf *energetische*, *wellenartige* Zustände bezogene Zeitablaufvariabilität, die durch die Einsteinsche Allgemeine Relativitätstheorie vorausgesagt wurde. Und zweitens eine auf Masse, d.h. *lokalisierte* Zustände bezogene Zeitablaufvariabilität, die *mittels des Bezugs auf die Distanz*, d.h. auf den Raum erkennbar wird. Wie in Tab.I aufgezeigt wurde, führt dieser zweite Prozess – gesehen im Vergleich zu dem energetisch bedingten – zu wesentlich markanteren Änderungen. Im *Teil 2*, S. 38-39, wird das Auftreten der distanzbezogenen Zeitphänomene näher erläutert und kommentiert.

Tab. I *Zusammenstellung der bekannten und berechneten Daten der Himmelskörper des Sonnensystems.* $M_{y,G}$ *ist die Masse;* $R_{y.surf}$ *ist der mittlere Radius;* ρ_y *ist die mittlere Dichte;* $\lambda_{y,G}$ *ist die gravitative Referenzlänge;* $n_{y,surf}$ *ist die Quantenzahl bezogen auf* $R_{y,surf}$ *;* $t_{y,surf}$ *ist die anhand (4) berechnete effektiven Umlaufzeit. Die empirisch bestimmten Werte* $\rho_y\ t_{y,surf}^2$ *sind als Hinweis der Gültigkeit des dritten Keplerschen Gesetzes angegeben. Die letzte Spalte demonstriert die Änderung des Zeitablaufs an der Oberfläche der Himmelskörper, gesehen in Bezug auf die Erde;* t_{Earth} *ist die effektive Umlaufzeit auf der Erdoberfläche;* R_{Earth} *ist der mittlere Radius der Erdoberfläche.*

	$M_{y,G}$ (kg)	$R_{y,surf}$ (m)	ρ_y (kg m^{-3})	$\lambda_{y,G}$ (m)
Mond	7.35×10^{22}	1.74×10^{6}	3.34×10^{3}	5.46×10^{-5}
Merkur	3.30×10^{23}	2.44×10^{6}	5.44×10^{3}	2.45×10^{-4}
Venus	4.87×10^{24}	6.05×10^{6}	5.24×10^{3}	3.62×10^{-3}
Erde	5.97×10^{24}	6.37×10^{6}	5.52×10^{3}	4.43×10^{-3}
Mars	6.42×10^{23}	3.38×10^{6}	3.94×10^{3}	4.77×10^{-4}
Jupiter	1.90×10^{27}	6.92×10^{7}	1.33×10^{3}	1.41×10^{0}
Saturn	5.69×10^{26}	5.73×10^{7}	7.00×10^{2}	4.22×10^{-1}
Uranus	8.66×10^{25}	2.53×10^{7}	1.30×10^{3}	6.43×10^{-2}
Neptun	1.03×10^{26}	2.45×10^{7}	1.76×10^{3}	7.63×10^{-2}
Pluto	1.27×10^{22}	1.14×10^{6}	1.75×10^{3}	0.94×10^{-5}
Sonne	1.99×10^{30}	6.96×10^{8}	1.41×10^{3}	1.48×10^{3}
	$n_{y,surf}$	$t_{y,surf}$ (s)	$\rho_y t^2_{y,surf}$ (kg m^{-3}s^2)	$\frac{t_{y,surf}}{t_{Earth}} \times \frac{R_{Earth}}{R_{y,surf}}$
Mond	3.18×10^{10}	1034	3.57×10^{9}	4.70
Merkur	9.92×10^{9}	811	3.57×10^{9}	2.63
Venus	1.67×10^{9}	825	3.57×10^{9}	1.08
Erde	1.44×10^{9}	806	3.58×10^{9}	1
Mars	7.09×10^{9}	949	3.55×10^{9}	2.22
Jupiter	4.91×10^{7}	1617	3.48×10^{9}	0.185
Saturn	1.36×10^{8}	2227	3.47×10^{9}	0.307
Uranus	3.93×10^{8}	1672	3.63×10^{9}	0.522
Neptun	3.21×10^{8}	1464	3.77×10^{9}	0.472
Pluto	1.21×10^{11}	1323	3.07×10^{9}	9.17
Sonne	4.71×10^{5}	1594	3.58×10^{9}	0.018

1.5 Die auf der Richtungskraft beruhende Deutung der Pioneer- und Fly-by-Anomalien

Das hier diskutierte Modell der quantisierten Gravitation und quantisierten Zeit und dessen *auf die Distanz bezogenen Folgeerscheinungen* erlaubt die Entfaltung einer neuartigen Deutung der sog. Pioneer 10- und Pioneer 11-Anomalie und der Fly-by-Anomalien. Die sorgfältige Analyse der Bahnen der NASA-Sonden Pioneer 10 und Pioneer 11, durchgeführt von *J. D. Anderson* et al. [18], führte zu der spektakulären Schlussfolgerung, dass deren Bahnen durch eine anomale Beschleunigung hin zur Sonne beeinflusst wurden, gekennzeichnet vor allem durch deren Distanzunabhängigkeit. Diese Entdeckung rief eine umfangreiche Diskussion hervor, die bisher aber zu keinem eindeutigen Erfolg versprechendem Erklärungsmodell geführt hat [19 - 22]. Aufgrund unseres im Kapitel 1.2 dargelegten neuen gravitativen Zeitmodells ergibt sich eine Möglichkeit, die unerwartete Distanzunabhängigkeit der zusätzlichen Beschleunigung physikalisch zu begründen.

Eine Beschleunigung *g*, die als Vektor zu betrachten ist, ist in der klassischen Mechanik beschreibbar anhand des Distanzvektors *R* und dem Quadrat der Zeit t^2, d.h. wir dürfen schreiben

$$g = \frac{R}{t^2} \quad . \tag{1.8}$$

Die Beschleunigung der Sonden hat seinen Ursprung sowohl in der Wirkung von elektromagnetischen als auch gravitativen Kräften, und, wie hier diskutiert wird, zusätzlich verursacht durch bisher unbekannte Effekte. Die gründlich durchgeführte Analyse hat gezeigt [18], dass elektromagnetische Kräfte nicht für die Distanz unabgängige Beschleunigung verantwortlich gemacht werden können. Daher konzentrieren wir unsere Überlegungen auf den gravitativen Anteil. Wenn wir die in Kapitel 1.2 vorgelegte Quantisierungs-methode anwenden, erhalten wir statt (1.8) die Gleichung

$$g_{y,n} = \frac{n_y \, \lambda_{y,G}}{t_{y,n}^2} \quad . \tag{1.9}$$

Auf diese Gleichung applizieren wir die im Kapitel 1.4, Gleichung (1.7), dargelegte Distanz bezogene Änderung des Zeitablaufs. Da wir die Sonne als Gravitationsquelle in Betracht ziehen, benützen wir für den Index *y* das Symbol *S*. Demzufolge schreiben wir statt (1.9) für die Beschleunigung $g_{S,n}$ folgende Beziehung

$$g_{S,n} = \frac{R_{S,n}}{t_{S,n}^2} = \left(\frac{R_{Earth,surf}}{R_{S,n}}\right)^2 \frac{n_{Earth,surf}\ \lambda_{S,G}}{t_{Earth,surf}^2} = \frac{\lambda_{S,G}}{R_{S,n}^2}\, c^2 . \quad (1.10)$$

Diese Gleichung gibt zu erkennen, dass sich die Beschleunigung $g_{S,n}$ mit $R_{S,n}{}^2$, d.h. mit $n_y{}^2$ ändern muss.

Wenn wir nun die experimentell beobachtete Beschleunigung als eine *Summe* von zwei Anteilen betrachten, wobei der zweite Anteil nicht von n_y abhängig sein darf (damit er als von der Distanz unabhängige Konstante in Erscheinung treten kann), dann dürfen wir als *Ansatz* schreiben

$$\begin{aligned} g_{S,\exp} &= \left\{ g_{S,n} + A_{Earth,S}\, g_{S,n} \left(\frac{R_{S,n}}{R_{Earth,surf}}\right)^2 \right\} \\ &= \left\{ \frac{1}{R_{S,n}^2} + \frac{A_{Earth,S}}{R_{Earth,surf}^2} \right\} \lambda_{S,G}\, c^2 \end{aligned} \quad . \quad (1.11)$$

wobei die neue Unbekannte $A_{Earth,S}$ eine von n unabhängige Zahl sein muss. In diesem Ansatz wurde die *Richtung* gebende Eigenschaft der Beschleunigung dem Distanz abhängigen Anteil $g_{S,n}$ wegen dessen Zeitquantenbezogenheit aberkannt und mit dem zweiten Anteil in Verbindung gebracht. Es muss hervorgehoben werden, dass in diesem Ansatz anhand der Klammer { ... } die enge Kopplung der Zeit mit der Richtung formuliert wird, d.h. die Kopplung zweier völlig unterschiedlicher Phänomene. Das heißt, es wird als Hypothese angenommen, dass diese Phänomene erfahrbar, d.h. lokalisiert-real sind, und zwar nur in Form einer *additiven* Kopplung zweier Kräfte, bzw. zweier Beschleunigungen. Die Hypothese ist mathematisch auf folgende Weise darstellbar:

$$g_{S,\exp} = \left\{ g_{S,n} + g_{const,S} \right\} \quad . \quad (1.12)$$

Aus (1.11) folgt, dass die Richtung gebende konstante Beschleunigung $g_{const,S}$ gegeben ist durch

$$g_{const,S} = A_{Earth,S}\, \frac{n_{Earth,surf}}{t_{Earth,surf}^2}\, \lambda_{S,G} = \frac{A_{Earth,S}}{R_{Earth,surf}^2}\, \lambda_{S,G}\, c^2 \quad . \quad (1.13)$$

Hier in (1.13) ist gut erkennbar, dass $g_{const,S}$, wie gewünscht, nicht von n_y, d.h. nicht von der Distanz abhängig ist. Die genaue Auswertung des Verlaufs der

Bahnen von Pioneer 10 und Pioneer 11, durchgeführt von *Anderson* et al. [18], resultierte in dem Ergebnis, dass $g_{const,S}$ durch den Wert $g_{const,S} = 8.5\times10^{-10}$ m s^{-2} gegeben ist. Unter Verwendung der von $R_{Earth,surf}$ und $\lambda_{S,G}$, siehe Tab.1, erhalten wir für $A_{Earth,S}$ den Zahlenwert $A_{Earth,S} = 2.6\times10^{-16}$.

Dieser hier auf die Sonne bezogene Wert $A_{Earth,S}$ beinhaltet eine spezifische Aussage, erkennbar anhand der Gleichung (1.10). Diese Gleichung offenbart uns, dass die Distanz $R_{S,n}$ nicht beliebig groß sein kann, sondern durch einen für die Sonne charakteristischen Grenzwert R_S^* limitiert ist. Dieser Limitwert R_S^* markiert diejenige Distanz, ab welcher $g_{const,S}$ einen dominierenderen Beitrag liefern würde als die Distanz abhängige gravitative Beschleunigung $g_{S,n}$, was physikalisch kaum vertretbar ist. Dieser Limitwert R_S^* ist in unserem Falle, d.h. betrachtet in Bezug auf die Sonne, in Anbetracht von (1.11) und (1.12) gegeben durch

$$R_S^* = \frac{R_{Earth,surf}}{\sqrt{A_{Earth,S}}} = n_S^* \lambda_{S,G} = 4.0\times10^{14}\ m \quad , \qquad (1.14)$$

wobei n_S^* die auf R_S^* bezogen Quantenzahl ist.

Ausgehend von (1.14) wird im Folgenden gezeigt, dass die Distanz R_S^*, aus gesamt-kosmischer Sicht gesehen, eine fundamentale Bedeutung hat. Um diese Behauptung begründen zu können, ist es, fürs erste, notwendig (1.14) in (1.13) anzuwenden, was zur folgenden Formulierung von $g_{const,S}$ führt:

$$g_{const,S} = \frac{c^2\,\lambda_{S,G}}{R_S^{*2}} = \frac{c^2}{n_S^{*2}\,\lambda_{S,G}} \quad . \qquad (1.15)$$

Diese Gleichung macht unerwarteter Weise deutlich, dass – entgegen der vorhergehenden, durch (1.13) geprägten Erwartung – die Beschleunigungskonstante $g_{const,S}$ <u>nicht</u> vom Beobachtungsort bestimmt wird.

Die weitere interessante Frage, die sich nun stellt, ist, ob und wieweit $g_{cons,S}$ von den *Werten* der Sonne abhängig ist, wie uns die Gleichung (1.15) andeutet. Aus diesem Grund vergleichen wir den auf die Sonne bezogenen Limitwert R_S^* mit der auf die Sonne bezogenen kritischen Distanz, benannt Halo-Distanz $R_{S,H}$, gegeben durch

$$R_{S,H} = n_{S,H}^*\,\lambda_{S,G} = \sqrt{\lambda_{S,G}\,L_U} \approx 4\times10^{14}\ m \quad . \qquad (1.16)$$

Hier hat L_U die Bedeutung der Länge des Universums $L_U \approx 10^{26}$ m (siehe dazu [28] bzw. Gl. (38) in *Appendix C* und die in [29] dargelegte Bemerkung).

Basierend auf der im Kapitel 1.4 diskutierten Vorstellung, dass (1.1) bzw. (1.6) und somit auch (1.7) Allgemeingültigkeit hat, suggeriert der Vergleich der Werte von (1.14) mit (1.16) den kühnen Gedanken, dass der Grenzwert R_S^* in seiner Bedeutung mit dem $R_{S,H}$-Wert identifiziert werden kann. Ausgehend von dieser Hypothese gelangen wir zu der folgenschweren Aussage, dass der konstante Wert g_{const} weder vom Beobachtungsort noch vom den *Werten* eines Himmelskörpers, sondern nur von der Länge des Kosmos L_U abhängig ist. Anders ausgedrückt, wir identifizieren den Wert n_S^* mit dem Wert $n_{S,H}^*$. Somit erhalten wir aus (1.15) und (1.16) abschließend für g_{const} die Beziehung

$$g_{const} = \frac{c^2}{L_U} \approx 9\times10^{-10}\ m\,s^{-2} \quad . \qquad (1.17)$$

Das heißt, *wir erhalten für $L_U \approx 10^{26}$ m einen g_{const} –Wert, welcher mit dem von Anderson et al. [18] erhaltenen Wert fast völlig identisch ist.* ***Dieses Ergebnis kann als eine eindrucksvolle Bestätigung sowohl für das in Appendix C bzw. [16] aufgezeigte holistisches Kosmosmodell als auch für unsere Analyse betrachtet werden.***

Zwei Gedanken zu dieser hier präsentierten analytischen Vorgehensweise sollten nicht unerwähnt bleiben: 1) Ohne Anwendung des im Kapitel 1.4 entwickelten Modells der Zeitablaufvariabilität, formuliert durch die Gleichungen (1.11) und (1.12), wäre es nicht möglich geworden, die für die Sonne kritische Distanz R_S^*, gegeben durch (1.14), erfassbar zu machen. 2) Anhand der Gleichungen (1.10) - (1.15) kann die Schlussfolgerung gezogen werden, dass der analytische Vorgang zur Bestimmung der kritischen Reichweite R_y^* nicht sonnenspezifisch ist, sondern dass er bei jedem Himmelskörper anwendbar ist. Auch die Bestimmung der sog. Halo-Distanz $R_{y,H}$ ist allgemeingültig. Daher dürfen wir die Vermutung äußern, dass R_y^* bzw. $R_{y,H}$ für den gegebenen Himmelskörper $M_{y,G}$ ***die Reichweite der gravitativen Wechselwirkung*** darstellen dürfte.

Im Ansatz (1.11) wurde g_{const} als Richtung gebender Faktor installiert. Zu beachten ist, dass eine Richtung im dreidimensionalen Kosmos nicht nur die Information über den Ort des Signalempfängers, sondern auch den Ort des „Gravitationssenders“, in unserem Falle den der Sonne, reflektieren muss. Andererseits aber schließt der Begriff Richtung aus, spezifische Informationen über Eigenschaften des „Senders“, z.B. über dessen Masse oder Distanz, zu vermitteln. Daher kann der Richtungsfaktor – der wegen der Distanz-unabhängigkeit für den ganzen Kosmos gültig sein muss (!) – nur eine Konstante sein, so wie sie in (1.17) durch c^2/L_U gegeben ist, aber sie muss gleichsam auch einen Bezug zum Informationssender haben, was in (1.15) eindrucksvoll zum Ausdruck kommt. In unserem betrachteten Fall „Sonne“ als Gravitationsgeber erscheinen daher in (1.15) die Werte $\lambda_{S,G}$ und R_S^*, die, wie aus dem Vergleich von (1.14) mit (1.16) postuliert wurde, wegen $n_S^* = n_{S,H}^*$ in einer *holistischen* Relation zum ganzen Kosmos stehen. Diese Schlussfolgerung trifft nicht nur für die Sonne zu, sondern sie gilt für jeden Himmelskörper, was u. a. die Halo-Distanz-Definition zu erkennen gibt.

Es ist einleuchtend, dass, wie in (1.11) bzw. (1.12) mit Hilfe der Klammer {...} zum Ausdruck gebracht wird, die Richtung gebende Konstante g_{const} nur in Verbindung mit $g_{y,n}$, d.h. mit der vom „Sender" ausgehenden Information über dessen gravitativen Beschleunigung ihre Sinn gebende Bedeutung erlangt. Trotzdem dürfen wir – wiederum in Einklang mit (1.11) bzw. (1.12) – von einer neuartigen Kraft $F_{new,x}$ sprechen, gegeben durch

$$F_{new,x} = \frac{M_x c^2}{L_U} \quad . \tag{1.18}$$

Hier hat M_x die Bedeutung der Testmasse, wie es z.B. die Masse der Raumsonde ist. *Diese Kraft, die wir als Richtung gebende Kraft interpretieren, hat seine volle Berechtigung, weil die gravitative, d.h. distanzabhängige Kraft, wie in Kapitel 1.2 postuliert, durch Zeitquanten vermittelt wird, denen wir keine Richtung zubilligen können.* Aller Wahrscheinlichkeit nach kann diese Richtungskraft als Deutungsbasis für den so genannten *Zeitpfeil-Effekt* betrachtet werden.

Die Besonderheit dieser in (1.18) formulierten Kraft $F_{new,x}$ ist, gesehen im Gegensatz zu der elektromagnetischen und gravitativen Kraft, ihre *Distanzunabhängigkeit*. Diese Tatsache scheint eine geeignete Ausgangsbasis für die Interpretation der Fly-by-Anomalien [21, 22] zu sein. Zur Begründung dieser Annahme werden hier nur einige Bemerkungen und Hinweise angeführt, da es im Falle der Fly-by-Anomalien schwierig ist ohne der Kenntnis des Verlaufs der Bahn der Sonden eine genauere Analyse durchzuführen.

Bekannt ist, dass die Bahn der Sonden bis zu der Minimalhöhe von 538,8 km (NEAR), 559,9 km (Galileo) oder 1954 km (Rosetta) über der Erde verlaufen ist [22]. Daraus folgt, dass in allen dieser Fälle eine Dominanz der Sonnengravitation gegenüber der Erdgravitation im ganzen Bereich vorliegt, d.h. $g_S >> g_{Earth}$. Daher dürfen wir annehmen, dass die Zeitablaufvariabilität, wie in (1.7) definiert, in allen gegebenen Fällen von einem Einfluss der Erde ungestört geblieben ist, d.h. wir müssen die Begründung für diese Anomalie woanders suchen.

Eine besondere Beachtung sollte daher dem Einfluss der konstanten Richtungskraft $F_{new,x}$ geschenkt werden. Bedingt durch ihre Wirkung als *Radialkraft* und wegen ihrer Distanzunabhängigkeit ist ein zusätzlicher, nicht vernachlässigbarer Geschwindigkeitsbeitrag zu erwarten, der sich in Anbetracht der gravitativen Dominanz der Sonne resultierend in einer vergrößerten Geschwindigkeit *weg* von der Erde äußern dürfte.

Bei einer solchen Deutung der Fly-by-Anomalien ist eine Winkelabhängigkeit des Effektes, und zwar bei der Betrachtung der Bahn in Bezug auf die Positionen der Erde und der Sonne gesehen, zu erwarten. Dieser Effekt schein tatsächlich beobachtet worden zu sein [21, 22], was für dieses Modell spricht.

1.6 Schlussfolgerungen

Ausgehend von den im Kapitel 1.3 angesprochenen drei kosmischen Bewegungsarten wurde eine umfangreiche Analyse der Zeit, vor allem anhand des dritten *Keplerschen* Gesetzes, durchgeführt. Der Ansatz für diese Zeitanalyse geht von einer quantisierten Formulierung der Gravitation aus. Angewendet wurde dieses Modell auf die Bewertung der Eigenschaften der Sonne, der Planeten des Sonnensystems und des Erd-Mondes.

Es wurde anhand der in Abb.1.3 aufgezeigten Daten darauf hingewiesen, dass der Zusammenhang zwischen der mittleren Dichte der Himmelskörper und der auf deren Oberfläche bezogenen Umlaufzeit die Möglichkeit bietet, den für den gegebenen Himmelskörper spezifischen gravitativ bedingten, Distanz bezogenen Zeitablauf zu bestimmen.

Auf der Basis des Modells eines Himmelskörper-spezifischen, Distanz bezogenen Zeitablaufs wurde eine Deutung für die Pioneer 10- und Pioneer 11-Anomalie vorgeschlagen. Ein Ansatz wurde formuliert, der von dem experimentellen *Anderson*-Befund [18] der Distanzunabhängigkeit der anomalen Beschleunigung ausging. Die ausführliche Analyse führte zu der Schlussfolgerung, dass der anomale Beschleunigungseffekt durch eine universell vorhandene, auf jeden Himmelskörper bezogene neuartige Kraft F_{new} ausgelöst sein dürfte. Es wurde vorgeschlagen, diese Kraft als eine ***Richtungskraft*** zu interpretieren, die in einer engen Verbindung mit der Zeit-bezogenen, gravitativen Kraft in Erscheinung tritt. Die zahlenmäßige Identität des theoretisch berechneten konstanten Beschleunigungswertes c^2/L_U mit dem von *Anderson* et al. experimentell vorgefundenen anomalen Beschleunigungswert [18] kann als eine eindrucksvolle Bestätigung sowohl der Formulierung der Distanz bezogenen Zeitablaufvariabilität, als auch des Modells des *kosmischen Holismus* bewertet werden.

In einer kurz gefassten Analyse der Fly-by-Anomalien wurde am Ende des Kapitels 1.5 die Vermutung geäußert, dass dieser Effekt ein Resultat der Wirkung der neuartigen Richtungskraft sein könnte.

Teil 2

Die Raum-Zeit-Verknüpfung aus der Sicht des dritten *Keplerschen* Gesetzes und des Quanten-Hall-Effektes, die Bestimmung der Elektronenladung und die *Gravitation-Elektromagnetismus-Vereinheitlichung*

2.1 Einleitung

Die Analyse der Pioneer 10- und 11-Anomalie im *Teil 1* deutet darauf hin, dass dieser Effekt als ein Resultat der im Kosmos vorherrschenden additiven Verbindung der gravitativen Kraft mit der ihr zugehörigen Richtungskraft interpretiert werden kann. Der im *Teil 1* postulierte Ansatz über diese von der Natur vorgegebenen Verbindung ist insofern als plausibel zu betrachten, weil nach dem quantisierten Gravitationsmodell die Gravitation durch Zeitquanten vermittelt wird, die bekanntlich keine Richtung aufweisen.

In diesem *Teil 2* wird darauf hingewiesen, dass die diskutierte Richtung in zweierlei Form in Erscheinung tritt:

a) In Form der Verbindung der Zeit mit dem eindimensionalen Raum. Hierbei ist bei der gravitativen Wechselwirkung die Richtung durch die Verknüpfung der Testmasse mit dem Gravitationszentrum vorgegeben; gesehen in einer Analogie dazu, bei der elektrischen Wechselwirkung ist die Richtung anhand der spannungsbedingten räumliche Verbindung des Source-Ortes mit dem Drain-Ortes vorgegeben. In beiden diesen Fällen ist die Richtung nicht umkehrbar, der Wechselwirkungsprozess ist ein irreversibler Vorgang und wir dürfen bzw. müssen daher von einer *irreversiblen Zeit* als Richtungsvermittler sprechen.
b) In Form einer Verknüpfung der Zeit mit der Fläche. Bei der gravitativen Wechselwirkung ist die entsprechende Richtung als Senkrechte zur Fläche der kreisförmigen bzw. elliptischen Bewegung des Körpers (Planeten) um das Gravitationszentrum aufzufassen (und zwar auch deshalb, weil in der Fläche sich die Bewegungsrichtung des Körpers unentwegt ändert, d.h. sie ist zeitabhängig, was aufgrund unseres Modells unzulässig wäre). Bei den elektromagnetischen Phänomenen wird dieser Prozess z. B. mittels des Hall-Effektes erfahrbar, gegeben durch die Wechselwirkung der magnetischen Flussdichte B mit der in der zweidimensionalen Fläche frei beweglichen elektrischen Ladung. In diesem Fall ist die gegebene Richtung als *Senkrechte* zu dieser Fläche aufzufassen. Das Charakteristikum der hierbei wirksamen Zeit ist die *Reversibilität*, bzw. besser gesagt die *Zyklizität*, sodass es physikalisch

gerechtfertigt ist, bei diesem Prozess statt von einer Zeitdauer, von einer Zeitfrequenz zu sprechen.

Die Gültigkeit des Modells der zweierlei Formen der Verknüpfung der Zeit mit dem Raum kann demonstriert werden für den Bereich der gravitativen Phänomene anhand des dritten Keplerschen Gesetzes und für den Bereich der elektromagnetischen Phänomene exemplarisch anhand des Quanten-Hall-Effektes (QHE) [11, 30, 31]. Daraus folgt, wie im Kapitel 2.3 mit 2.2 manifestiert wird, die Schlussfolgerung, dass *das Quanten-Hall-Gesetz lediglich eine Analogie zum dritten Keplerschen Gesetz darstellt*. Der einzige Unterschied, der hierbei zum Vorschein kommt, ist, dass im ersten Fall die gravitativ bedingten Phänomene als Ursache der Raum-Zeit-Kopplung auftreten, wogegen im zweiten Fall diese Kopplung auf der Basis elektromagnetischer Phänomene zustande kommt.

Eine Bestätigung für dieses Raum-Zeit-Modell wird in dieser Arbeit aufgezeigt, und zwar anhand der Übereinstimmung der auf diesem Modell beruhenden theoretisch berechneten Daten des kritischen Stromes des Quanten-Hall-Effektes mit den experimentell erhaltenen.

2.2 Der Raum-Zeit Zusammenhang aus der Sicht des dritten *Keplerschen* Gesetzes

Ausgehend von (1.1) erhalten wir nach der Anwendung von (1.2) - (1.5), d.h. der postulierten Quantisierung, die folgende vereinfachte Gleichung

$$\frac{c^2}{n_y} = \frac{R^2_{y,n}}{t^2_{y,n}} \quad . \tag{2.1}$$

Diese Form des dritten Keplerschen Gesetzes offenbart uns einen spezifischen, auf der Gravitation beruhenden Zusammenhang zwischen Raum und Zeit. Ausgehend von (2.1) erhalten wir die Formulierung der auf den Ort $R_{y,n}$ und die Testmasse M_x bezogenen gravitativen Energie $E_{x,y,Rn}$

$$E_{x,y,R_n} = M_x \frac{c^2}{n_y} \quad . \tag{2.2}$$

und der gravitativen Kraft $F_{x,y,Rn}$

$$F_{x,y,R_n} = M_x\, g_{y,n} = M_x \frac{R_{y,n}}{t_{y,n}^2} = G \frac{M_x M_y}{R_{y,n}^2} \quad . \qquad (2.3)$$

Hier hat $g_{y,n}$ die Bedeutung der gravitativen Beschleunigung am Ort $R_{y,n}$. Die Gleichung (2.3) bekundet die volle Übereinstimmung der quantisierten Darstellung der gravitativen Kraft $F_{x,y,Rn}$ mit der klassischen Formulierung. Weiterhin offenbaren uns (2.2) und (2.3), dass der in (2.1) dargelegte gravitativ bedingte Zusammenhang von Raum und Zeit nur von der Masse des Gravitationszentrums M_y, nicht aber von der Testmasse M_x abhängig ist.

Wenn wir nun in Anbetracht von (1.5) ein für den Beobachtungsort $R_{y,n}$ charakteristisches Zeitquantum $t_{y,n,qu}$ definieren, gegeben durch

$$t_{y,n,qu} = \sqrt{n_y}\, \frac{\lambda_{y,G}}{c} \quad , \qquad (2.4)$$

dann können wir schlussfolgern, dass hinsichtlich (1.3) und der Definition (2.4) im Rahmen der Überlegungen zur quantisierten Raum-Zeit das Zeitquantum $t_{y,n,qu}$ der Referenzdistanz $\lambda_{y,G}$ entspricht. Es ist evident, dass dieses Entsprechen durch das Gravitationszentrum M_y generiert wird. Mit anderen Worten ausgedrückt, das Gravitationszentrum M_y realisiert eine Verknüpfung von $\lambda_{y,G}$ mit $t_{y,n,qu}$, d.h. eine Verknüpfung der Distanz (bzw. des Raumes) mit der Zeit.

Wie in der Einleitung darauf hingewiesen wurde, ist es plausibel von zwei Arten von Zeit zu sprechen, die bei einem Bezug auf den eindimensionalen Raum als *irreversible Zeit* klassifiziert werden kann, demgegenüber bei einem Bezug auf den zweidimensionalen Raum als *reversible Zeit* zu interpretieren ist. Daher erweist es sich für unsere weitere Analyse des Zusammenhanges von Zeit und Raum als sinnvoll, das Quadrat der Zeit $t_{y,n}^2$ in (2.1) in zwei verschiedene Arten von Zeiten aufzuteilen, und zwar einerseits in eine Zeitdauer $t_{y,n,rev}$ mit einem reversiblen Charakter, und andererseits in eine Zeitdauer $t_{y,n,irrev}$, gekennzeichnet durch ihre Irreversibilität, d.h.

$$t_{y,n}^2 = t_{y,n,\,rev}\, t_{y,n,\,irrev} \quad , \qquad (2.5)$$

wobei hier der Wert $t_{y,n,rev}$ mit dem Wert $t_{y,n,irrev}$ <u>identisch</u> ist. In diesem Sinne dürfen wir *das dritte Keplersche Gesetz* anstatt in Form von (2.1) in folgender Weise darstellen:

$$\frac{c^2}{n_y} = \frac{R^2_{y,n}}{t_{y,n,\,rev}} \frac{1}{t_{y,n,\,irrev}} \quad . \qquad (2.6)$$

Diese Form der Beschreibung des gravitativ bedingten Zusammenhangs von Raum und Zeit kann folgendermaßen interpretiert werden: Wenn wir den Beobachtungsort $R_{y,n,\alpha}$ mit der α-Koordinate identifizieren, dann muss in diesem Falle die vom diesem Beobachtungsort aus gemessene Umlaufzeit $t_{y,n,rev}$ der α-β-Fläche $R_{y,n}^{\ 2} = R_{y,n,\alpha}\ R_{y,n,\beta}$ entsprechen. Das bedeutet, dass die der Fläche $R_{y,n,\alpha}$ $R_{y,n,\beta}$ zugeordnete Umlaufzeit $t_{y,n,rev}$ einer γ-Richtung entspricht, die im jeden Fall *senkrecht* zu der α-Richtung der irreversiblen Zeit $t_{y,n,irrev}$ steht. Diese als Folge der Beschreibung von (2.6) resultierenden Aussagen sind insofern von grundlegender Bedeutung, weil sie es erlauben zu zeigen, dass eine Analogie des dritten *Keplerschen* Gesetzes in Form von (2.6) mit dem Quanten-Hall-Effekt Gesetz besteht.

2.3 Die Beschreibung der Analogie zwischen dem Quanten-Hall-Effektes (QHE) und dem dritten *Keplerschen* Gesetz

Um den Zusammenhang zwischen dem dritten *Keplerschen* Gesetz und der Gleichung des Quanten-Hall-Effektes (QHE) [11, 30, 31] offenkundig machen zu können, müssen wir eine neuartige Vorstellung über den Begriff „Masse“ einleiten. *Es wird postuliert, dass es zwei spezifische Varianten der Masse gibt: a) Masse mit gravitativen Eigenschaften und b) Masse mit Eigenschaften, die spezifisch für die Elektronenladung sind. Dieser Ansatz macht es möglich, die mechanischen MKS-Einheiten mit den elektromagnetischen in eine kausale Verbindung zu bringen.* Er führt zu der Feststellung, dass die Ladungsgröße Coulomb [C] die Dimension kg erhält, die magnetische Flussdichte B [T] – auch Magnetfeld genannt – im MKS-Einheitensystem die Dimension Hz hat, und dass der elektrischen Spannung Volt [V] die Dimension $m^2\ s^{-2}$, d.h. die des Geschwindigkeitsquadrats, zuzuordnen ist.

Die Hall Spannung V_H [V] ist gegeben durch

$$V_H = \frac{B}{e\,N_e} I_{SD} = \frac{B}{N_e} \frac{1}{t_{SD}} \quad . \qquad (2.7)$$

Hier ist e die Elektronladung [C], N_e die Elektronendichte, in [m^{-2}] angegeben, und I_{SD} ist der zwischen Source und Drain fließende Strom [A].

Bei einer konsequenten Anwendung des MKS-Einheitensystem ergibt sich für die Spannung V_H ein Quadrat der Geschwindigkeit, daher anhand von c^2/n_H

definierbar, wobei n_H die Größe der Hall-Spannung angibt, und dem Magnetfeld B, welches senkrecht zur Probenoberfläche angelegte ist, entspricht eine Frequenz, definiert durch f_B bzw. $1/t_B$. Die zweidimensionale, beim MOSFET durch die Gate-Spannung induzierte Elektronendichte N_e kann dem QHE entsprechend, d.h. in quantisierter Form, anhand einer auf ein Elektron bezogenen zweidimensionalen Fläche l_e^2 beschrieben werden, sodass wir formulieren dürfen

$$\frac{1}{N_e} = \frac{1}{i\,N_{e,o}} = l_e^2 = \frac{l_{e,o}^2}{i} \quad . \tag{2.8}$$

Die Zahl i ist die Quantenzahl des Quanten-Hall-Effektes.

Folglich dürfen wir statt (2.7) schreiben

$$\frac{c^2}{n_H} = \frac{l_e^2}{t_{B,rev}} \frac{1}{t_{SD,irrev}} \quad . \tag{2.9}$$

Das heißt, wenn wir bei der Anwendung des MKS-Einheitensystems die in (2.7) angegebene Hall-Spannung V_H anhand des Quadrats der Geschwindigkeit beschreiben, dann ist die Analogie zwischen (2.6) und (2.9), d.h. zwischen den gravitativ bedingten und den durch den Quanten-Hall-Effekt repräsentierten elektromagnetischen Phänomenen, offenkundig. Dementsprechend entspricht t_B einem zeitlich reversiblen und t_{SD} einem irreversiblen Prozess, daher wurden in (2.9) die entsprechenden Indizes hinzugefügt.

Die Erkenntnis der Analogie von (2.6) und (2.9), die von fundamentaler Bedeutung sowohl für das Erfassen von Raum und Zeit und deren Zusammenhänge, aber auch für die Bestimmung des mechanischen Wertes der elektrischen Ladung e ist, kann, wie im Folgenden aufzeigt wird, durch experimentelle Ergebnisse, d.h. durch die Messung des kritischen Stromes bei dem Quanten Hall Effekt, erhärtet werden.

2.4 Die Bestimmung der Ladung des Elektrons anhand des kritischen Stromes beim QHE

Die charakteristische Eigenschaft des QHE ist das Entsprechen des magnetischen Flächenwertes $A = h/eB$ mit dem Einelektronflächenwert $l_{e,o}^2$, sodass wir, ausgehend von den experimentellen Erkenntnissen des QHE den folgenden Zusammenhang haben:

$$\frac{c^2}{n_H} = \frac{1}{i}\frac{h}{e^2} I_{SD} \quad . \qquad (2.10)$$

Hier ist h das *Plancksche* Wirkungsquant und e die Elektronenladung, in kg formuliert.

Das Entsprechen der Flächen A und l_e^2 reflektiert die Tatsache, dass die räumlichen Dimensionen, d.h. auch die Fläche, durch die Gravitation nicht beeinflusst werden. Demgegenüber aber wird, wie z.B. (2.4) zu erkennen gibt, die Zeit bzw. Frequenz durch die Gravitation modifiziert, sodass wir von einer gravitativ bedingten Zeitablaufvariabilität sprechen dürfen, s. *Teil 1*. Unserem Modell zufolge entspricht im MKS-Einheitensystem die Elektronenladung e der Dimension kg. Folglich dürfen wir die *Bohrsche* Drehimpulsgleichung auf das e erweitern und erhalten somit

$$m_e f_C = e f_{e,o} = \frac{h}{\lambda_C^2} \quad . \qquad (2.11)$$

Hier ist m_e die Ruhemasse des freien Elektrons, f_C die *Compton* Frequenz, e Elektronenladung in kg, und λ_C die *Compton* Wellenlänge des Elektrons. Diese Gleichung dokumentiert die Verbindung zwischen dem Elektron und der Zeit bzw. Frequenz. Um den Wert von e in kg ermitteln zu können, wenden wir uns im Folgenden dem kritischen Strom des QHE $I_{SD,crit}$ zu.

Beim Überschreiten eines gewissen kritischen Stromes $I_{SD,crit} = e\, f_{SD,crit}$ bricht der QHE zusammen, d.h. die in (2.10) angegebene Quantisierung ist nicht mehr beobachtbar. Mit anderen Worten ausgedrückt heißt das, dass die beim QHE gegebene eindeutige Verknüpfung der Quasi-„Ein“-Elektronenladung, (die das zweidimensionale Elektronengas repräsentiert), mit der Zeit ab $I_{SD} > I_{SD,crit}$ unterbrochen wird. Da wir aufgrund unseres Modells davon ausgehen, dass die Masse und somit auch die Elektronenladung in einem kausalen Zusammenhang mit der Zeit, bzw. Frequenz stehen, postulieren wir folgenden Zusammenhang:

$$\frac{c^2}{n_{H,crit}} = \frac{c^2}{n_y} = \frac{1}{i}\frac{h}{e} f_{SD,y,crit} \quad . \qquad (2.12)$$

Das bedeutet, dass wir $n_{H,crit}$ mit der Gravitationsquantenzahl n_y, definiert in Kapitel 1.2, gleichsetzen. Die Berechtigung dieses Ansatzes wird nun ausführlich diskutiert und anhand experimenteller Daten klargestellt werden.

Der Wert von c^2/n_y ist für die Erdoberfläche mit $n_{Earth} = 1.44\times10^9$ bekannt, gegeben durch $c^2/n_y = 6.24\times10^7$ m^2/s^2. Den Wert von $f_{SD,y,crit}$ können wir, z.B. für $i = 1$, aus (2.12) berechnen, erhaltend $f_{SD,y,crit} = 1.5\times10^{22}$ Hz. Aus den anhand von Si-MOS Transistoren (Si-MOSFET) gewonnenen QHE Daten der Abb.2.1 [32] erkennen wir bei $i = 2$ einen kritischen Strom von etwa $ef_{SD,crit} \approx 100$ µA, was für $i = 1$ den ungefähren Wert von $ef_{SD,crit} \approx 50$ µA ergibt.

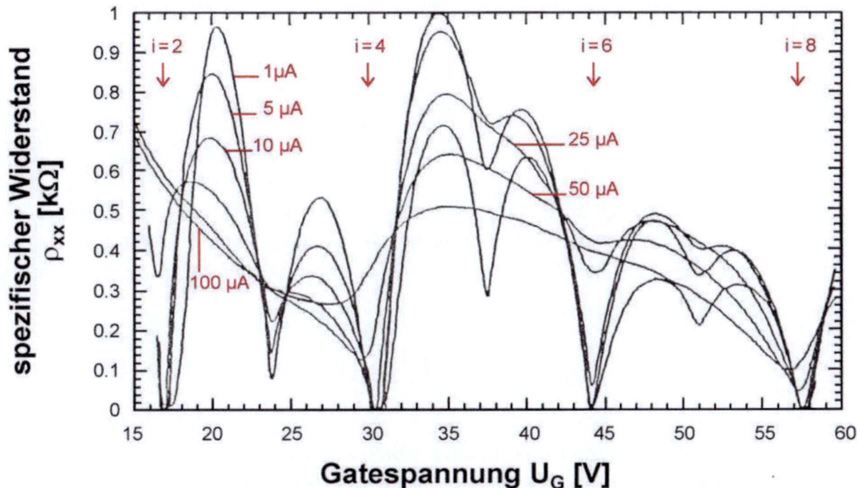

Abb. 2.1 *Die an einem Si-MOS-Transistor (Si-MOSFET) gemessene Abhängigkeit des spezifischen Widerstandes* ρ_{xx} *von der Gatespannung* V_G *bei einem Magnetfeld von* $B = 9$ *T [32]. Die Messtemperatur ist* $T = 1.2°$ *K. Bezogen auf das B ist die Elektronendichte* $N_{e,o} = 2.2 \times 10^{15}$ m^{-2}, *d.h. die Einelektronen-Dichtelänge ist* $l_{e,o} = 2.1 \times 10^{-8}$ *m, und die Einsatzspannung* $V_T \approx 3$ *V. Der Parameter ist die Stromstärke* I_{SD} *[A]. Mit der Quantenzahl i ist der Quantenzustand des integralen QHE angegeben.*

Daraufhin gelangen wir zu dem Ergebnis, dass die experimentell beobachtete kritische Frequenz annähernd gegeben ist durch $f_{SD,crit,exp} = 3.1 \times 10^{14}$ Hz. Somit ist es leicht zu erkennen, dass die aus (2.11) bei $e = 1.602 \times 10^{-19}$ kg berechnete Frequenz $f_{e,o} = 7.05 \times 10^{8}$ Hz weder mit der aus (2.12) berechneten $f_{SD,y,crit}$, noch mit den anhand der experimentellen Daten von Abb.2.1 bestimmten $f_{SD,crit,exp}$ übereinstimmt. Wir müssen daher einen neuen Wert für die Elektronenladung, gekennzeichnet durch e^*, erkunden, und zwar anhand der Gleichung

$$\frac{c^2}{n_y} = \frac{1}{i_{crit}} \frac{h}{e^*} f_{SD,y,crit} \quad . \tag{2.13}$$

Ausgehend von (2.11) muss für $i = 1$ dementsprechend gültig sein $e^* f_{SD,y,crit} = h/\lambda_C^2$, erhaltend als eindeutige Lösung von (2.13) die Gleichungen:

$$e^* = \sqrt{n_y}\; m_e \quad , \tag{2.14}$$

$$f_{rev,crit} \equiv f_{irrev,crit} = f_{SD,\,y,\,crit} = i_{crit} \frac{f_C}{\sqrt{n_y}} \quad , \tag{2.15}$$

wobei die kritische Quantenzahl i_{crit} den Quantenzustand des QHE Zustandes angibt. m_e in (2.14) ist die Ruhemasse des freien Elektrons. Für die Elektronenladung auf der Erdoberfläche e^*_{Earth} ergibt sich bei $n_y \equiv n_{Earth} = 1.44\times10^9$ demzufolge der Wert

$$e^*_{Earth} = 3.457\times10^{-26}\,kg \quad . \tag{2.16}$$

Die Analyse der Gleichung (2.10) führt zu der bedeutsamen Gleichungen (2.14) und (2.15), welche offenbarten, dass *der Wert der Ladung des Elektrons* e^* *und die kritische Frequenz* $f_{SD,y,crit}$, *die der irreversiblen Zeit zuzuordnen ist, von dem am Ort gegebenen gravitativen Verhältnissen abhängig sind.* Daraus folgt:

1) Der kritische Strom ist gegeben durch

$$I_{SD,\,y,crit} = \frac{i_{crit}}{\sqrt{n_y}}\, e^* \frac{m_e c^2}{h} = \frac{i_{crit}}{\sqrt{n_y}}\, e^* f_C = i_{crit}\, m_e\, f_C \quad , \tag{2.17}$$

was bedeutet, dass $I_{SD,y,crit}$ von der Gravitation *unabhängig* ist.

2) Die im MKS-Einheitensystem formulierte kritische elektrische Hall-Energie $E_{H,crit}$, gegeben durch

$$E_{H\,,crit} = e^* \frac{c^2}{n_y} = \frac{1}{\sqrt{n_y}}\, m_e\, c^2 \quad , \tag{2.18}$$

ist indirekt proportional zu $(n_y)^{1/2}$. In Hinblick auf die Gleichung (1.7) auf Seite 21 ist demzufolge festzustellen, dass – zeitlich gesehen und verallgemeinert betrachtet – die Eigenständigkeit des Elektromagnetismus gegenüber der gravitativ bedingten Mechanik gewährleistet ist. Das weiterhin bedeutet, dass die elektromagnetischen Vorgänge selbst, d.h. alle organischen Prozesse, von der gravitativ bedingten, distanzbezogenen Zeitablaufvariabilität unberührt bleiben. Folglich unterscheiden sich die Hintergründe für den gravitativ bedingten Zeitablauf wesentlich von denen, die für die organische Natur gültig sind.

3) Die Beliebigkeit in der Bestimmung des Wertes der Elektronenladung, im SI-Einheitensystem bisher künstlich durch die freie Wahl des Wertes der elektrischen Feldkonstante ε_o festgelegt, ist physikalisch nicht vertretbar.

Um mit den von der Natur vorgegebenen Gesetzen in Einklang bleiben zu können ist es daher notwendig, eine neue elektrische Feldkonstante ε_o^* (und somit auch eine neue magnetische Feldkonstante μ_o^*) einzuführen, gegeben durch

$$\varepsilon_o^* = n_y \frac{m_e}{2\alpha \lambda_C c^2} \quad . \tag{2.19}$$

wobei α hier die Bedeutung der Sommerfeldschen Feinstrukturkonstante hat. Auf der Erdoberfläche haben wir bei $n_{Earth} = 1.44\times10^9$ demzufolge

$$\begin{aligned} \varepsilon^*_{o,Earth} &= 4.65\times10^{-14}\,\varepsilon_o \\ &= 4.12\times10^{-25}\,kg\,m^{-3}\,s^2, \end{aligned} \tag{2.20}$$

und für die korrigierte magnetische Feldkonstante $\mu_o{}^*{}_{Earth}$ erhalten wir den Wert

$$\mu^*_{o,Earth} = 2.15\times10^{13}\,\mu_o = 2.70\times10^7\,kg^{-1}m \quad . \tag{2.21}$$

Zur Bestätigung des im Punkt 1) diskutierten kritischen Stromes $I_{SD,y,crit}$ ist es sinnvoll einige experimentellen Daten anzugeben. Wie aus der Gleichung (2.17) folgt, erhalten wir für den kritischen Strom des QHE, im herkömmlichen SI-Einheitensystem ausgedrückt, für die Erdoberfläche bei $i_{crit} = 1$ den theoretischen Wert $I_{SD,\,Earth,crit} = 5.23\times10^{-4}$ A. Dieser Wert unterscheidet sich um den Faktor 10 von dem anhand der in der Abb.2.1 präsentierten Daten ermittelten Wert von $ef_{SD,crit} \approx 50$ µA. Der Hintergrund für diesen Unterschied kann die relativ hohe Messtemperatur von 1.2 °K sein. Messungen des QHE z.B. bei 40 mK offenbaren, dass der QHE bei Temperaturen tiefer als 1.4 °K deutlich ausgeprägter zum Vorschein kommt [33]. Außerdem wurde bei einer gezielten Messung des QHE-Durchbruchs an GaAs/(AlGa)As Herterostrukturen ein kritischer Strom von 6.40×10^{-4} A festgestellt [34], was – von der Größenordnung her betrachtet – mit dem oben angegebenen Wert $I_{SD,\ Earth,crit}$ = 5.23×10^{-4} A vergleichbar ist. Demzufolge ist es berechtigt von einer guten Übereinstimmung der experimentellen Daten mit der Gleichung (2.17) zu sprechen, d.h. wir dürfen diese Ergebnisse als eine Bestätigung des Modells des kausalen Zusammenhangs zwischen der Gravitation und dem Elektromagnetismus betrachten.

2.5 Die kritische QHE-Quantenzahl i_{crit}

Bei einer ausführlichen Analyse der Analogie der Gleichungen (2.6) mit (2.9) bzw. (2.13) kommt eine zusätzliche Randbedingung zum Vorschein: Es ist die Distanz- bzw. ***Längenidentität***. Das dritte *Keplersche* Gesetz setzt eine Identität der zu $t_{y,n,rev}$ und $t_{y,n,irrev}$ zugehörigen Distanzen, d.h. $R_{y,n,re} \equiv R_{y,n,irrev}$ voraus, was eine Folge der Identität des Beobachtungsortes für den freien Fall und für die Umlaufzeit ist. Es ist bemerkenswert, dass diese Randbedingung auch beim QHE automatisch erfüllt ist, und zwar deshalb, weil beim QHE in der Oberfläche der Messprobe ein Quasi-„Ein“-Elektronenzustand des zweidimensionalen Elektronengases gegeben ist, was dessen Unabhängigkeit vom zweidimensionalen Raum widerspiegelt.

Ausgehend von dieser Erkenntnis kann gezeigt werden, dass *die Randbedingung der Längenidentität beim QHE als Bedingung für das Auftreten des kritischen Stromes in Erscheinung tritt*. Um diese Behauptung begründen zu können, vergleichen wir die zum kritischen elektrischen Strom $I_{SD,crit}$ zugehörige Wellenlänge $\lambda_{SD,crit}$, gegeben durch $\lambda_{SD,crit} = c/f_{SD,crit}$, (die der Distanz $R_{y,n,irrev}$ entspricht), mit der Elektronen-Dichtelänge l_e, (die der Distanz $R_{y,n,rev}$ entspricht). Aus dem Vergleich von (2.8) mit (2.17) erhalten wir einen kritischen Quantenzahl-Wert i_{crit}, gegeben durch

$$i_{crit}^{-1} = \lambda_{SD,crit}^{2} N_e \quad . \tag{2.22}$$

In Worten ausgedrückt heißt das, dass die kritische Quantenzahl i_{crit} angibt, bei welcher Elektronendichte N_e der Messprobe wir eine *Längenidentität*, gegeben durch $\lambda_{SD,crit} \equiv l_e$, erwarten dürfen, die *als Begrenzungswert für das Auftreten des QHE betrachtet werden kann.*

Die Abb.2.2 veranschaulicht diesen mittels (2.22) theoretisch formulierten Zusammenhang durch eine Gerade, oberhalb deren die Längenidentität nicht mehr gewährleistet sein kann, d.h. ab welcher kritischen Quantenzahl i_{crit} bei einer gegebenen Elektronendichte N_e der Messprobe laut unserem Modell kein QHE mehr auftreten dürfte. Außerdem sind auf dem Bild experimentelle Daten von Messungen an GaAs/(AlGa)As Heterostrukturen gezeigt [35 - 38], die angeben, bis zu welchem *i* der QHE beobachtbar war. <u>Diese Daten bezeugen,</u>

dass unser $I_{SD,y,crit}$ Modell seine Gültigkeit hat, was wiederum bedeutet, dass die vermutete Analogie zwischen (2.6) und (2.9) den Tatsachen entspricht und dass der in Kapitel 2.4, Gl. (2.12) postulierte Ansatz $n_y \equiv n_{H,crit}$ vertretbar ist.

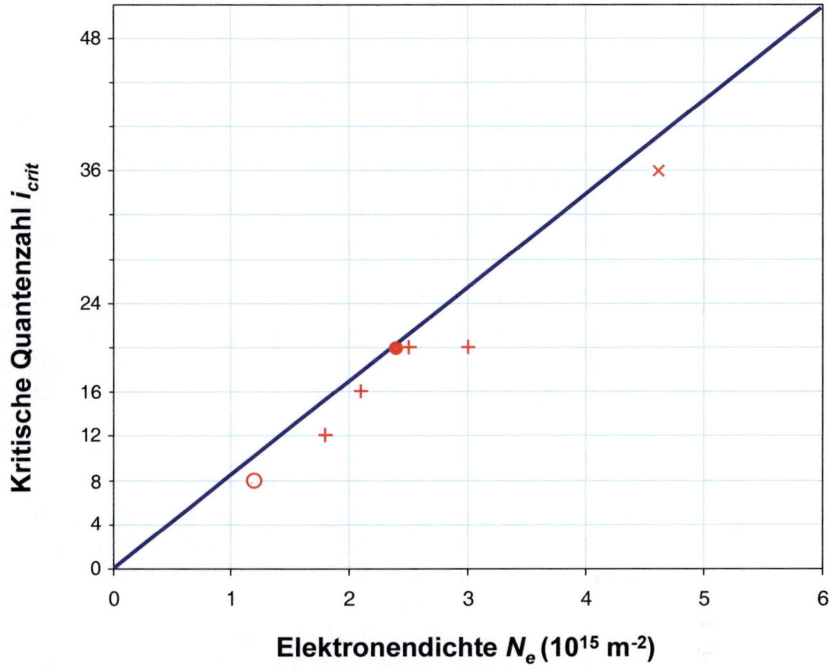

Abb. 2.2 *Die Abhängigkeit der kritischen Quantenzahl i_{crit} des integralen QHE von der Elektronendichte N_e der Messproben. Die experimentellen Daten stammen von: ○ [35], + [36], × [37], und ● [38].*

Anhand der Gleichung (2.22) und der in Abb.2.2 aufgezeigten experimentellen Daten wird uns außerdem klar, warum der QHE vor allem bei Messproben mit einer Elektronenkonzentration zwischen 1×10^{15} m^{-2} und 5×10^{15} m^{-2} zutage tritt, eine Tatsache, die bisher unbegründet geblieben ist. Wenn wir in (2.21) für i_{crit} den Wert $i_{crit} = 1$ einsetzen, folgt daraus, dass der *integrale* (d.h. ganzzahlige) QHE messbar sein kann ab einer Limit-Elektronendichte $N_{e,lim}$, gegeben durch

$$N_{e,\lim} = \frac{1}{n_y\,\lambda_C^2} = 1.18\times10^{14}\ m^{-2} \quad . \tag{2.23}$$

Daraus folgt weiterhin, dass das untere Limit-Magnetfeld B_{lim}, welches die Beobachtung des integralen QHE ermöglicht, gegeben ist durch

$$B_{\lim} = \frac{h}{e^*}\frac{1}{n_y \lambda_C^2} = \frac{f_{SD,\,y,\,crit}}{n_y} = \frac{f_C}{n_y^{3/2}}$$

$$= 2.26\times 10^6\ Hz \equiv 0.49\ T \quad . \qquad (2.24)$$

Hier wurde bei der Bestimmung des B_{lim} die Umrechnung des Hz im MKS-Einheitensystem in T im SI-Einheitensystem angewendet, gegeben durch die leicht zu berechnende, für $n_y = 1.44\times10^9$ gültige Transformation $1\text{T} \equiv 4.63\times10^6$ Hz.

Die Limitwerte von (2.23) und (2.24) entsprechen allen experimentellen Erfahrungen mit dem integralen QHE, was wegen der beinhaltenden Gravitationsabhängigkeit als ein weiterer Hinweis auf die Plausibilität unseres Modells der Gravitation-Elektromagnetismus-Vereinheitlichung bewertet werden darf.

In Hinblick auf die Analyse der (2.6)-(2.9)-Analogie gelangen wir zu der Aussage, dass dem Längenidentitätsmodell sowohl bei der Beschreibung der Gravitation als auch des QHE eine ausschlaggebende Bedeutung zukommt. Ausgehend von den Resultaten des Kapitels 2.4 können wir außerdem zusammenfassend feststellen, dass *die Bestimmung des Wertes e^* auf der hier dargelegten Möglichkeit der Identifizierung des dritten Keplerschen Gesetzes mit dem QHE Gesetz beruht. Es ist einleuchtend, dass diese Identifizierung der eigentliche Hintergrund für die Beschreibung der elektrischen Ladung e anhand des mechanischen kg ist. Durch die Gleichsetzung von n_{Earth} mit $n_{H,crit}$, formuliert in (2.12), wird eine physikalisch begründete Möglichkeit der kausalen Verbindung zwischen den elektromagnetischen und gravitativen Phänomenen aufgezeigt, eine Verbindung, die hinsichtlich der analogen Form der Kräftegleichung immer schon vermutet wurde.*

2.6 Einige Bemerkungen zum Richtungseffekt und zur kosmischen Evolutionsproblematik

Die gravitativ bedingte Verknüpfung der reversiblen Zeit mit der irreversiblen Zeit kommt zum Vorschein, wenn wir den Zusammenhang der Dynamik des freien Falls mit der am gleichen gegebenen Ort beobachtbaren Umlaufzeit um das Gravitationszentrum in Erwägung ziehen. Weil wir die Analyse dieser Prozesse von einem Punkt, d.h. vom Beobachtungsort, durchführen, ist die Senkrechte zur Umlaufbahn *immer* senkrecht zur Richtung des freien Falls. Beide für den jeweiligen Vorgang charakteristischen Zeiten, d.h. $t_{y,n,rev}$ für die effektive Umlaufzeit und $t_{y,n,irrev}$ für den freien Fall, sind gleich groß, was gleichbedeutend ist mit der gängigen Vorstellung, dass die träge Masse mit der schweren Masse identisch ist. Der Effekt, *der diese beiden Zeiten zur Gleichheit zwingt*, ist die notwendige senkrechte Zuordnung der zur *zweidimensionalen* Umlauffläche zugehörigen Senkrechtrichtung zu der *eindimensionalen*, den freien Fall charakterisierenden Richtung.

Diese hier aufgezeigte notwendige raumbezogene Randbedingung bei der Beschreibung der Gravitationseffekte ist bemerkenswerter Weise auch beim QHE erfüllt: Das beim QHE auf die Messprobe wirkende effektive Magnetfeld kann zwar beliebig orientiert sein, wirksam und den QHE hervorrufend ist nur derjenige Anteil des Magnetfeldes B, welcher als Senkrechte zur Stromrichtung zwischen Source und Drain betrachtet werden kann. Auch hier kommt es zu einem, der Gravitation analogen Prozess, bei welchem eine klar formulierbare, feste Raum-Zeit-Verknüpfung stattfindet. Diese Analogie, formell erkennbar in der Analogie der Gleichungen (2.6) und (2.9), kommt zum Ausdruck in der qualitativen Identität der Gravitationskonstante G mit der umgekehrt proportionalen elektrischen Feldkonstante ε_o^*, d.h. sie haben die gleiche Dimension. Der Unterschied in der Größenordnung ist allein zurückzuführen auf den Werteunterschied zwischen L und λ_C einerseits, zwischen m_e und M andererseits, wie auch auf den Beitrag der Elektron-Elektron-Wechselwirkung, gekennzeichnet durch die Feinstrukturkonstante α und die Gravitationsquantenzahl n_y, siehe der Vergleich von (1.2) mit (2.19).

Die diskutierte Analogie zwischen (2.6) und (2.9) und somit zwischen (2.6) und (2.13) ist außerdem insofern von großer Bedeutung, weil wir aufgrund der spezifischen Raumbezogenheit der reversiblen und irreversiblen Zeit die Schlussfolgerung ziehen können, dass *die Planck-Konstante h die reversible Zeit beinhalten muss*, was bedeutet, dass die im energetischen Sinne ihr zuzuordnende Zeit bzw. Frequenz allein mit der irreversiblen Zeit bzw. Frequenz in Verbindung gebracht werden darf. *Daraus folgt, dass all diejenigen Prozesse, die anhand von $\underline{h}$ zu beschreiben sind – und das sind alle auf das Elektron bezogenen, d.h. elektromagnetischen Prozesse – zeitlich durch den irreversiblen Charakter gekennzeichnet sind.*

Zusammenfassend kommen wir daher zu der Schlussfolgerung, dass die Gesetze der Gravitation und des Elektromagnetismus bedingt sind durch die *Dreidimensionalität* des Raumes, die es erlaubt, zeitlich betrachtet, die reversible Statik des zweidimensionalen Raumes mit der irreversiblen Dynamik des eindimensionalen Raumes in Verbindung zu bringen. Zu beachten ist, dass – wie die Analyse des kritischen Stromes beim QHE zeigt – die Stärke der irreversiblen Dynamik begrenzt ist durch die ortsbezogene Wirkung der Gravitation auf die Quasi-„Ein"-Elektronenladung (Bemerkung: der QHE ist ein Quasi-„Ein"-Elektroneneffekt), und zwar in analoger Weise zu der ortsbezogenen Wirkung der Gravitation auf den distanzbezogenen Zeitablauf, s. *Teil 1*. Das bedeutet, dass im Einklang mit (2.14), d.h. mit der gravitativ bedingten Größe der Elektronenladung, die Gravitation gegenüber den elektromagnetischen Phänomenen eine dominante Stellung einnimmt. Diese

Vorstellung korrespondiert mit der Auffassung, dass die Existenz der irreversiblen, Elektron bezogenen Dynamik als ein Resultat der ***Symmetriebrechung*** des im Rahmen der gravitativen Wechselwirkung wirksamen Zeitquadrats zu betrachten ist, siehe (2.6). Es ist evident, dass *diese Erkenntnis, gesehen in Hinblick auf den Evolutionsprozess des Kosmos, der notwendigerweise auf der Existenz der irreversiblen Zeit basiert, nicht außer Acht gelassen werden darf*, genau so wie die Erkenntnis der Distanz bezogenen Zeitablaufvariabilität. Außerdem müsste – wie die hier vorgelegte Diskussion zum dritten *Keplerschen* Gesetz in Einvernehmen mit dem QHE offenbart – in einem Evolutionsmodell zusätzlich das Erscheinen und die Existenz des *Planckschen* Wirkungsquants h wie auch der Richtungskraft in Erwägung gezogen werden, da sie beide für das Sein im ganzen Kosmos von *fundamentaler* Bedeutung sind.

2.7 Zusammenfassung

Abschließend können die Aussagen der *Teile 1 und 2* kurz gefasst folgenderweise dargelegt werden: In Anbetracht der im Kosmos im Rahmen der Gravitation wirkenden Richtungskraft, siehe *Teil 1*, gelangen wir, und zwar im vollen Einklang mit den Gegebenheiten des QHE, zu der Auffassung, dass die Verbindung zweier aufeinander *senkrecht* gelegenen Richtungen, die einerseits den zweidimensionalen und andererseits den eindimensionalen Raum repräsentieren, die Basis für die Verknüpfung der Statik (d.h. der reversiblen Zeit) mit der Dynamik (d.h. mit der irreversiblen Zeit) darstellt, eine Verknüpfung, die wir – physikalisch betrachtet – als notwendige Voraussetzung nicht nur für die Grundstruktur der Musik [39, 40], sondern vor allem für die Existenz der organischen Natur und somit auch des Lebens verstehen. Die Bedeutsamkeit der im Kosmos wirkenden Richtungskraft wird weiterhin erkennbar vor allem in der Möglichkeit der Aufdeckung des kausalen Zusammenhangs zwischen dem Quanten-Hall-Effekt und dem dritten *Keplerschen* Gesetz, was wiederum bedeutet, dass ***es berechtigt ist von einer Vereinheitlichung der elektromagnetischen und gravitativen Phänomene zu sprechen***.

Literatur

[1] Aurelius Augustinus, *Bekenntnisse*, Reclam, Stuttgart, 1989, S. 314.
[2] Stephen W. Hawking, *Eine kurze Geschichte der Zeit*, Rohwolt, Hamburg, 1988.
[3] J.B. Hartle and S.W. Hawking, Wave function of the universe, Phys.Rev.D 28, (1983) 2960.
[4] Paul Davies, *Die Unsterblichkeit der Zeit*, Scherz, Bern, München, 1995.
[5] Lee Smolin, Quanten der Raumzeit, Spektrum der Wissenschaft, März 2004, S. 54 – 63.
[6] Lee Smolin, *Die Zukunft der Physik*, DVA, Random House, München, 2009.
[7] John D. Barrow, *Die Natur der Natur*, Spektrum, Heidelberg, 1993, S. 384-387, und 524-530.
[8] Antonio R. Damasio, *Descartes´ Irrtum*, Deutscher Taschenbuch Verlag, München, 1997, S. 312.
[9] J.-E. Berendt, *Das Dritte Ohr*, Teil 2: Vom Ohr und vom Auge, Kapitel III: Das Ohr lehrt uns zählen; Rowohlt Verlag, Reinbek bei Hamburg, 1985.
[10] R. Plomp and W.J.M. Levelt, Tonal Consonance and Critical Bandwith, J.Acoust.Soc.Amer. 38, (1965) 548.
[11] R.E. Prange and S.M. Girvin, *The Quantum Hall Effect*, Springer, Berlin, 1987.
[12] G. Dorda, Quantization Aspects of Sound and Time, Schriften der Sudetendeutschen Akademie der Wissenschaften und Künste, München, Band 22, 2001, S. 69 - 96.
[13] R.B. Laughlin, A Different Universe – Reinventing Physics from the Bottom Down. Perseus Books Group, New York, 2005; deutsch: Abschied von der Weltformel. Die Neuerfindung der Physik. Piper, München, 2007.
[14] H. Vogel, *Gerthsen Physik*, Springer, Berlin, 1997, S. 46 - 48.
[15] G. Dorda, Sun, Earth, Moon – the Influence of Gravity on the Development of Organic Structures. Schriften der Sudetendeutschen Akademie der Wissenschaften und Künste, München, Band 25, 2004, S. 9-44.
[16] G. Dorda, The Crisis of Today´s Physics and a Model for its Overcoming, Schriften der Sudetendeutschen Akademie der Wissenschaften und Künste, München, Band 28, 2008, S. 57 - 79.
[17] J. Silk, *A short history of the univers*. New York: W.H. Freeman and Company 1994. In german: *Die Geschichte des Kosmos*, Spektrum, Berlin, 1996, S. 138-140.
[18] J.D. Anderson, Ph.A. Laing, E.L. Lau, A.S. Liu, M.M. Nieto and S.G. Turyshev, Indication, from Pioneer 10/11, Galileo, and Ulysses Data, of an Apparent Anomalous Weak, Long-Range Acceleration, Phys.Rev.Lett. 81, (1998) 2858.
[19] C. Lämmerzahl und H.-J. Dittus, Verhandl. DPG (VI) 41, 3/ Seite 29, (2006).

[20] http://de.wikipedia.org/wiki/Pioneer-Anomalie.
[21] http://www.nzz.ch/nachrichten/wissenschaft/seltsame_beschleunigungen_ im_sonnensystem_1.694990.html.
[22] http://de.wikipedia.org/wiki/Fly-by-Anomalie.
[23] L. Smolin, The Trouble with Physics. Houghton Mifflin Company, New York, 2006, p. 257-258.
[24] siehe [15] Seite 16. Kurze Erläuterung: Die quantisierte Beschreibung der gravitativ bedingten zyklischen Bewegung des Planeten um das gravitative Zentrum macht offenkundig, dass die „*Zeit an sich*“ erfahrbar ist durch den Bezug der Zeit auf die zeitunabhängige *mittlere* Distanz der elliptischen Bewegung, d.h. auf eine Distanz emergenten Charakters [13], d.h. also nicht durch den Bezug der Zeit auf die mit optischen Mitteln erfassbare Distanz des Planeten zum gravitativen Zentrum.
[25] L. Kostro, De Broglie waves and natural units, in: Van der Meer and Garuccio A., eds: Waves and particles in light and matter, New York, Plenum Press 1994, 345-358.
[26] Bemerkung: Es ist augenscheinlich, dass bei einem zeitlich bzw. räumlich variablen Wert von c eine vernünftige Kosmologie nicht möglich wäre. Tatsächlich zeigt es sich, dass bei Untersuchungen des Kosmos die Konstanz von c angenommen werden darf, siehe z.B.: J. Silk [17].
[27] siehe [16], S. 65 – 67.
[28] siehe [16], S. 69 – 72, bzw. *Appendix C*, S. 128-130
[29] Bemerkung: Die in *Appendix C* präsentierte Ableitung der Gleichung (38) aus (34) - (37) und dessen Darstellung in der dortigen Fig.2 zeigen, dass die Existenz der kritischen Distanz $R_{y,H}$ eine Konsequenz der *Allgemeingültigkeit* des dritten Keplerschen Gesetzes ist, demonstrierend, dass im Kosmos eine holistische Verknüpfung der gravitativen Massenenergie eines jeden Himmelskörpers $M_{y,G}\, c^2$ mit der Gesamtenergie des Kosmos $M_U c^2$ vorgegeben ist. In Distanzwerten ausgedrückt besagt die Analyse in *Appendix C*, dass aufgrund der Gültigkeit des dritten *Keplerschen* Gesetzes zu jedem Himmelskörper eine gravitativ bedeutsame kritische Distanz $R_{y,H}$, definiert durch $(\lambda_{y,G}\, L_U)^{1/2}$, zugehörig ist.
[30] K. von Klitzing, G. Dorda and M. Pepper, New method for high-accuracy determination of fine-structure constant based on quantized Hall resistance. Phys.Rev.Lett. 45 (1980) 494-497.
[31] K. von Klitzing, *25 Jahre Quanten-Hall-Effekt*, Physik Journal **4** (2005), 37-44.
[32] F. Wittmann, *Magnetotransport am zweidimensionalen Elektronensystem von Silizium-Inversionsschichten*, Dissertation 1992, Universität der Bundeswehr, München, Institut für Physik, Abb. 4-5.3, Seite 143.
[33] D.C. Tsui, H.L.Störmer, J.C.M. Hwang, J.S. Brook and M.J. Naughton, Observation of a fractional quantum number, Phys.Rev.B **28**, 2274 (1983), Fig.1.

[34] H.L. Störmer, A.M. Chang, D.C. Tsui and J.C.M. Hwang, Breakdown of Integral Quantum Hall Effect, private communication (AT&T Bell Lab., NJ 07974, and Princeton University, NJ 08544).
[35] D.C. Tsui, H.L. Störmer and A.C. Gossard, Two-Dimensional Magnetotransport in the Extreme Quantum Limit, Phys.Rev.Lett.**48**, 1559 (1982), Fig.1.
[36] R.G. Clark, J.R. Mallett, A. Usher, A.M. Suckling, R.J. Nicholas, S.R. Haynes and Y. Journaux, Experimental Tests of Fractional Quantum Hall Effect Theory, Surf. Sci.**196**, 219 (1988), Fig.2 a, b, c, e.
[37] M. Chmielowski, M. Glinski, W.H. Zhuang, G.B. Liang, D.Z. Sun, M.Y. Kong, W. Plesiewicz, T. Dietl and T. Skoskiewicz, Fundamental High-Field Transport Properties of a GaAs/AlGaAs Modulation Doped Heterostructure, Surf. Sci.**196**, 299 (1988), Fig.2.
[38] S. Koch, R.J. Haug, K.v. Klitzing and K.Ploog, Experiments on scaling in Al_xGa_{1-x} – $_x$As/GaAs heterostructures under quantum Hall conditions, Phys.Rev.B **43**, 6828 (1991), Fig.1.
[39] E. Ansermet, *Die Grundlagen der Musik im menschlichen Bewusstsein*, Piper, Serie Piper Nr. 388, München, 1985, S. 739
[40] G. Dorda, Die Sinnbedeutung der Musik aus der Sicht der modernen Wissenschaft; II. Die doppelte Zeitlichkeit in der Musik; Reihe: „Schönheit und Sinn – Musik als Luxusware oder Dimension menschlichen Seins“; Hochschule für Musik und Theater, München, Jahresbericht 2000/20001, S. 156 – 157.

Appendix A

Quantization Aspects of Sound and Time

Abstract of Appendix A

It is shown that the classical sound propagation model does not correspond with the *Doppler* effect near the velocity of sound and with the interference properties of sound. A new description of sound propagation is presented based on the dual wave-particle nature of sound. The formulation of quantized sound force is developed. The dual wave-particle character of sound is discussed with respect to the absorption process governed in the ear by the stereocilia.

1. Introduction

The classical sound propagation model is based on the assumption that a vibrating body transmits its mechanical motion to air molecules [1, 2]. This process causes a sequence of compression and rarefaction of air molecules in the air which correspond to the sound wave. The differences in density of air molecules are propagated at the velocity of sound from the sound source in all directions. When the wave of air molecules of varying density reaches the eardrum, this effect is transformed into a vibration of the eardrum with the frequency remaining unchanged. The vibrations are then transmitted by the ossicles of the middle ear and the endolymph within the inner ear to the basilar membrane. The hair cells on the basilar membrane transform this mechanical energy into electric signals which are transmitted by the nerves to the brain where the signals are processed. It is clear that the propagation of sound in the ear is a one-dimensional process according to this model.

This mechanistic sound propagation model will be discussed in depth. A close analysis of the principle of constant frequency, the *Doppler* effect in the range of the sound velocity, and finally the interference and superposition behaviour of sound will highlight the shortcomings of this model. In order to clarify the inconsistencies identified, a quantized sound model will be formulated in which all parts are consistent with existing knowledge and experience of sound propagation.

2. Weaknesses of the classical sound propagation model

1) The principle of constant frequency and the sound attenuation

An analysis of the cause underlying the maintenance of sound frequency raises doubts about the plausibility of the classical sound propagation model. It is generally known that sounds are damped when they are reflected off a wall or pass through it. Sound attenuation is characterized solely by a reduction of sound intensity and not by a change in the frequency spectrum. When sounds are transmitted from one medium to another, the frequency remains unchanged [3].

According to the laws of physics underlying classical mechanics, any mechanical damping – how weak it may be – causes a change in frequency of the original vibration. The frequency of harmonic vibrations remains unchanged only when there is no damping, not even caused by friction, for example. The angular frequency ω modified by damping effects can be expressed as [4]

$$\omega = \sqrt{\omega_o^{\,2} - \delta^2} \tag{1}$$

and the resulting vibration as

$$x = x_o \exp(-\delta\, t) \sin \omega\, t \,, \tag{2}$$

where ω_o is the non-damped angular frequency, δ the damping factor, x the amplitude of the sine-wave motion and t time. The equations show that the degree of the reduction of the amplitude and thus of sound intensity appears to be a function of the medium-specific damping factor δ_M and time t_M. δ_M is indirectly proportional to the mass M and thus characterizes the medium through which the sound propagates. The time t_M is the period of time needed by sound to travel through the medium and can be expressed as $t_M = l_M / v_M$ where l_M is the thickness and v_M the velocity of sound of the medium. Accordingly, the medium-specific reduction factor of sound intensity in (2) can be expressed as

$$\exp\left(-\frac{\delta_M\, l_M}{v_M}\right) . \tag{3}$$

When we apply this mechanistic description of damping to a brick wall or window pane, we obtain $\delta_M > 10^5$ [5]. On the basis of (1), this would have the far-reaching consequence that the sound frequency ω would be substantially reduced according to the classical mechanical model of the damping process. Since no type of sound attenuation causes a frequency change according to the principle of constant frequency, however, this model clearly contradicts the classical mass-related propagation model.

The sound intensity reduction I is not described by (2) but may be expressed as

$$I = I_o \exp(-a\,x) \quad (4)$$

where I_o is the intensity at $x = 0$, a the sound absorption coefficient and x the thickness of the medium. It should be noted, firstly, that the frequency remains unchanged in (4) because a is independent of frequency; and secondly, the equation (4) is identical with the law of light absorption.

Attenuation is not associated with a frequency reduction as the classical model suggests. The reduction of sound intensity can therefore be regarded as a result of the absorption of individual phonons depending, as in the case of the absorption of light, on a probability-related yes-no selection. This, of course, results in an unchanged frequency. The applicability of (4) for the description of sound reduction can therefore be regarded as *a direct indication of the analogy between sound and light*, involving all the far-reaching consequences.

2) The Doppler effect and the velocity of sound

The change of frequency because of the relative motion of a sound transmitter towards a receiver is called the *Doppler* effect. According to the classical description of the *Doppler* effect, the frequency change is referred to the resting transmitter medium, for example, air. For this reason, it is important whether there is a relative motion of the transmitter or the receiver or of both towards the medium. We confine ourselves to analyzing the case of "a moving transmitter (e.g. an aircraft) and a resting receiver." This fact has no significant effects on the following statements. The corresponding *Doppler* frequency shift is given by the classical equation

$$f_R = f_T \left(1 \mp \frac{\upsilon_T}{\upsilon_S}\right)^{-1} , \quad (5)$$

where f_T is the transmitter frequency and f_R the receiver frequency, υ_T the velocity of the transmitter and υ_S the velocity of sound of, for example, air. While the minus sign is used to describe the motion of a transmitter towards a receiver, the plus sign designates a motion away from the receiver. This relation (5) is shown in Fig.1 by a solid line. It should especially be noted that a *Doppler* shift is present also in the case of supersonic velocity, i.e. when $\log(\upsilon_T/\upsilon_S) > 0$ and when the transmitter moves towards the receiver.

Assuming that the propagation of sound is not a mechanistic process evoked by differences in density of the medium but is based on a process similar to that associated with light, we need no propagation medium such as air and the frequency shift depends solely on the *relative* velocities of transmitter and receiver. Hence, the *Doppler* shift can be expressed as

$$f_R = f_T \frac{\sqrt{1 \pm \upsilon_T / \upsilon_S}}{\sqrt{1 \mp \upsilon_T / \upsilon_S}} \quad , \tag{6}$$

where the upper minus or plus signs again describe the motion of the transmitter towards the receiver and the lower ones refer to a motion away from the receiver. The relativistic dependence of the *Doppler* effect on υ_T / υ_S according to (6) is shown in Fig.1 by a broken line. In contrast to the classical relation, a motion towards or away from the receiver is associated with a symmetrical *Doppler* shift.

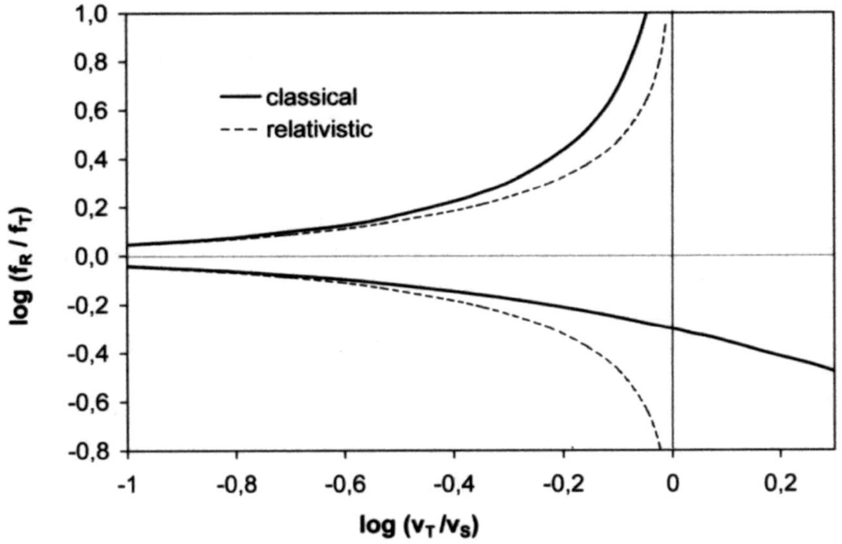

Fig. 1: *Logarithmic diagram of the Doppler frequency shift in the case of a moving transmitter and a resting receiver. The solid line shows the classical dependence and the broken line the relativistic dependence.* f_T *is the frequency of the transmitter,* f_R *is the frequency of the receiver.* υ_T *is the velocity of the transmitter and* υ_S *is the velocity of sound.*

The fundamental difference between the classical and relativistic descriptions becomes particularly obvious when the transmitter moves away from the receiver, i.e. in the case of log $(f_R / f_T) < 0$. The classical model assumes that sound propagation is real in the case of supersonic speed, e.g. the *Doppler* frequency shift reaches the factor of three in the case of double sound velocity. By contrast, the relativistic model suggests that there *cannot* be a propagation of sound because f_R is unreal when $\upsilon_T / \upsilon_S > 1$.

Seen in this context, our attention should be directed to the following facts: 1) There are no major differences in supersonic booms produced by aircraft, irrespective of whether they occur during vertical or horizontal flight; i.e. it is *not* important whether the direction of the motion of the transmitter is towards or away from the receiver. 2) The boom is of *very short* duration; i.e. the drop in the intensity of the boom is *not* a function of the increasing distance of the aircraft from the receiver as the classical model would have us believe. 3) The resting receiver usually perceives only the boom. This means that the extreme noise produced by aircraft engines goes unnoticed; if at all, the only other noise which may be heard is produced when the boom is reflected off the soil or the atmosphere.

All these facts contradict the classical ideas of sound propagation. Moreover, investigation of supersonic flights show that the sequence of the booms observed during the vertical flight does not correspond with the time-related causality [6]. This observation supports the idea that the boom results from the disintegration of the ear related causal subject-object connection. Thus it can be assumed that the boom is an energetic mark representing an extraordinary separation of sound (i.e. time) and space.

Another interesting aspect is the difference between the two models when it comes to the angle dependence of the *Doppler* effect. In the case of “a moving transmitter and a resting receiver,” the classical model suggests

$$f_R = \frac{f_T}{1 - (\upsilon_T / \upsilon_S)\cos\alpha} \tag{7}$$

and the relativistic model assumes

$$f = \frac{f_T \{1 + (\upsilon_T / \upsilon_S)\cos\alpha\}}{\sqrt{1 - (\upsilon_T / \upsilon_S)^2}} \quad . \tag{8}$$

Fig.2 shows how the dependence on angle α varies. α is the angle between the transmitter motion line and the connection between transmitter and receiver. We assumed that $\upsilon_T = 1100$ km/h and $\upsilon_S = 332$ m s^{-1}, $\upsilon_T / \upsilon_S = 0.92$. When $0° < \alpha < 90°$, the transmitter is moving towards the receiver, and when $90° < \alpha < 180°$, the motion is away from the transmitter. Fig. 2 shows not only the differences in the *Doppler* shift, but also the different course of gradation. According to the classical model, the frequency f_R will be lowered twelve times between 0° and 90° and only two times between 90° and 180°. According to the relativistic model, however, the frequency f_R will drop by a factor of two between 0° and 90° and by a factor of eleven between 90° and 180°. It is interesting to note that when the angle is 90°, i.e. when the distance between transmitter and receiver is shortest, the frequency is increased by a factor of three according to the relativistic model, whereas there may be no *Doppler* shift at all according to the classical model. First studies carried out with aircraft on the basis of $\upsilon_T \approx 0.9\ \upsilon_S$ suggest that the *relativistic* model describes the gradation of the Doppler effect more accurately.

In summary, we can say that experience suggests that the *Doppler* effect has other effects than those described by the classical model which uses gas as the transmission medium.

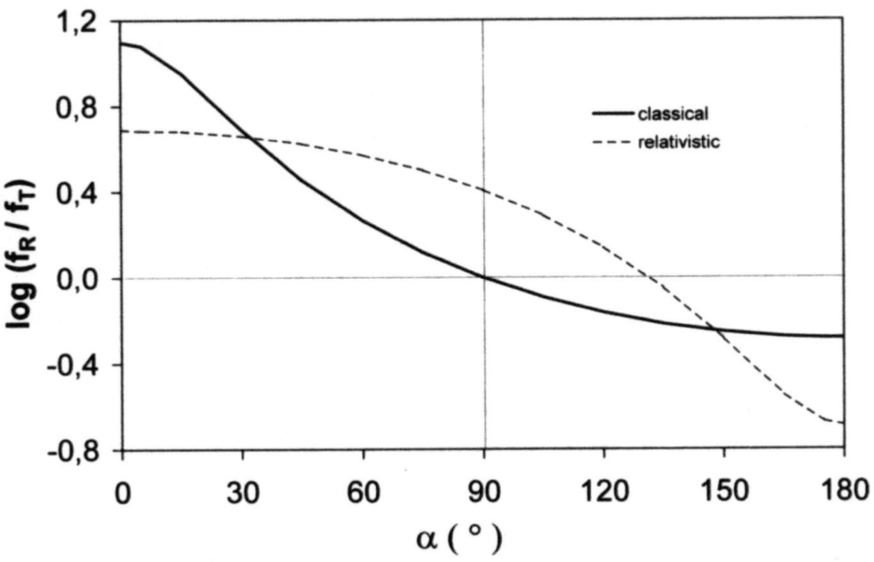

Fig. 2: *The* Doppler *frequency shift as a function of the angle α between the direction of the motion and the transmitter-receiver direction with υ_T/υ_S = 0.92. f_T is the frequency of the transmitter, f_R is the frequency of the receiver. The classical calculation is expressed by the solid line, the relativistic calculation by the broken line.*

3) The superimposition of sound waves and the occurrence of interference

A thorough analysis of the intensity of sounds produced by two or more sources shows some further weaknesses of the mechanistic sound propagation model. All kinds of vibrations including sound vibrations can differ in frequency, amplitude, phase and direction. Let us assume that an analog sound source is placed next to another sound source and that the analog sound source produces a tone of the same frequency and loudness but after a certain delay which corresponds to a phase difference of exactly 180°. Provided the distances between the two sources and the place of observation are the same, it would be reasonable to expect that, as a result of the superimposition of the two pure tones, the compression of the air molecules caused by the first source will be compensated by the rarefaction of the same magnitude caused by the second source. The resulting sound wave would therefore be completely eliminated.

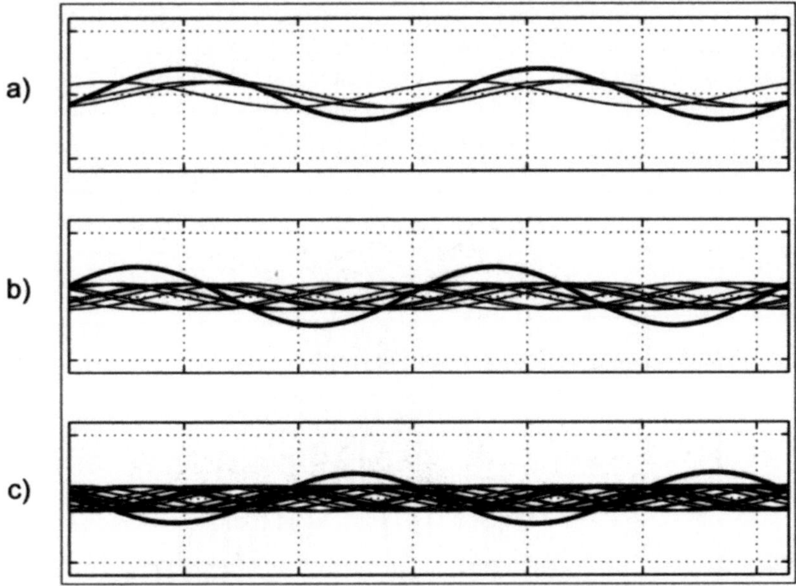

Fig. 3: *Computer analysis of the summation of a) three, b) ten and c) twenty sine waves of equal frequency and amplitude. The phase was determined by a randomizer. The data are an average representation. The sum is represented by a thick line.*

There are, of course, other cases where the phase difference is between 0° and 180°. On the basis of this model, it therefore depends on the initial conditions, i.e. on the phase, whether we hear an amplified tone, a damped tone or no tone at all. Since statistical data suggest that there are usually random initial conditions when there is a large number of sources, e.g. the instruments in an orchestra, then we must assume that an increasing number of sources which produce sounds of the same frequency is associated with a decreasing loudness of the tone perceived. A graphical summation of sound waves is used to describe this situation. Fig.3 shows the superimposition of a) three, b) ten and c) twenty sine sound waves, i.e. pure tones, of both the same frequency and amplitude. The resulting wave is represented by a thick line. In all cases, the phase was determined by a randomizer. Figures 3 a) to c) give average results. It is evident that these results would not be substantially changed even when, in addition, overtones (i.e. harmonics) would be considered.

The graphical representations of the computer analysis in Fig.3 a) to c) show a clear, from statistics expected tendency: according to the mechanistic model of sound propagation, the resulting amplitude or sound intensity on an average decreases as the number of sound sources increases. It is evident that even the existence of overtones would not invalidate the presented reasoning. This conclusion is not only contrary to all experience gained thus far but is also a major violation of the law of the conservation of energy. Accordingly, there must be a mistake in our description of sound propagation.

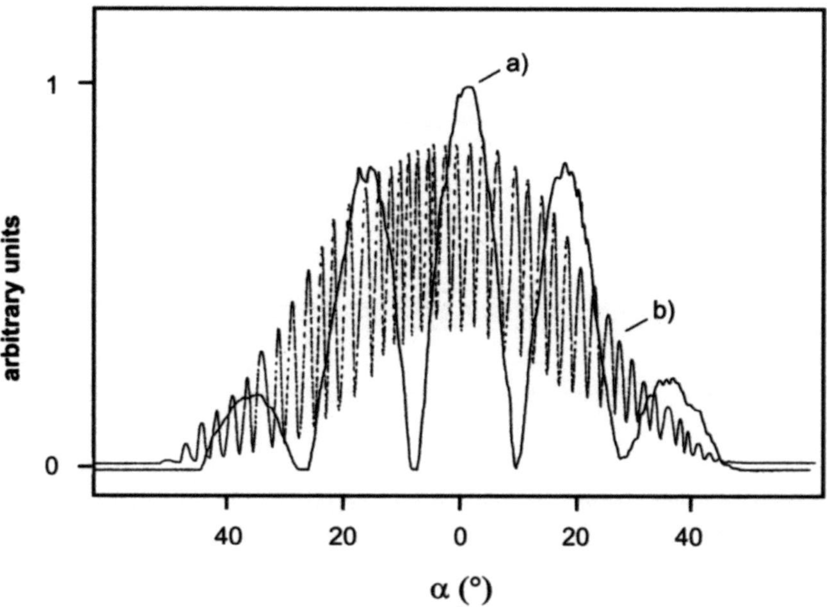

Fig. 4: *Interference curve and beat effect of ultrasound of 35.5 kHz as a function of the angle of incidence. The two piezoelectric sound sources were fed from a) only one frequency generator and b) two voltage generators with a frequency difference of 6 Hz.*

With this in mind, we examined interference effects produced by two sound sources. The sound frequency which was piezoelectrically generated was approximately 35.5 kHz. A microphone was used for recording the signal as a function of an angle α which characterizes the difference between the direction of the source/microphone line and the direction of the maximum amplitude ($\alpha = 0$). The distance between the sources was 32 mm. The microphone was moved along a semicircle with a radius of 0.44 m with respect to the centre of the two sources so that interference became measurable. It was possible to observe maximum and minimum interference levels when the position of the microphone was changed (see Figs.4 and 5). As a result of the small angle-dependent difference in distance between the microphone and the sound waves, maximum intensity levels corresponding to a phase difference of 0, 2π and 4π and minimum intensity levels corresponding to a phase difference of π and 3π respectively were produced. The general reduction of signal height is a result of the angle α dependent decrease in the sounds transmitted by the two sources.

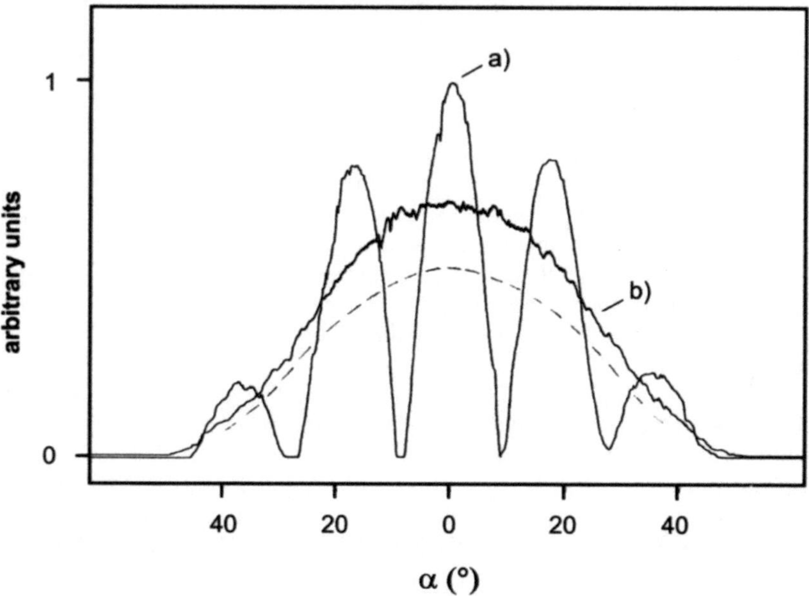

Fig. 5: *Interference curve and mean value of the beat effect of ultrasound of 35.5 kHz as a function of the angle of incidence. In a) one voltage generator and in b) two voltage generators are used with a frequency difference of 44 Hz. The broken line gives the theoretical mean value in the case of a sinusoidal beat effect.*

It is important to note that interference occurred only when the sound sources were electrically fed from only *one* frequency generator. Once the sound sources were connected to different generators, the measurement results changed radically. Neither interference effects nor minimum levels of intensity could be observed. The two sources showed the frequencies: $f_1 = 35596$ Hz and $f_2 = 35590$ Hz in Fig.4 as compared to $f_1 = 35598$ Hz and $f_2 = 35554$ Hz in Fig.5 with the amplitudes being in all cases the same. The difference in frequency of the two generators produced a beat effect. As demonstrated in Fig.4, it was possible to record the beat effect satisfyingly when there were only minor frequency differences. Due to the fact that rectifiers were used for the measurements, mean values of the beat effects were recorded when the frequency differences were $\Delta f = |f_1 - f_2| > 40$ Hz (see Fig.5).

In order to establish where contradictions to the classical model exist, we must turn our attention to three aspects. First of all, it should be noted that the beat effect in Fig.4 does not show the expected sine curve - which even phase differences cannot adversely affect – but becomes pointed when the amplitude decreases. The fact that there is no sine curve becomes visible especially when the amplitudes are small.

In addition, Fig.5 shows that the mean value of the beat effect is not equidistant from the maximum interference level and zero as would be suggested by the classical calculation and as is shown by the broken line, but is above the expected value by, on average, approximately 30%. The classical model is unable to explain this increase in intensity. This discrepancy is therefore a good starting point for attempting to explain not only the above-mentioned contradiction between experience and the conclusion based on Fig.3 but also the violation of the law of the conservation of energy. It should also be noted that a signal increase as discussed above was not observed when the signal was measured directly, i.e. when neither a piezoelectric sound source nor a microphone was used.

The data a) in Figs.4 and 5 clearly show a further phenomenon which is of major importance in this context: the minimum interference level reaches the zero value and this zero value even shows a certain region on the angle-dependent abscissa. According to the classical model, however, the zero value must be a single point and should never be reached at all due to scattering effects and other uncertainties. This contradiction suggests a further shortcoming of the classical model.

This interference problem as well as the problem of the increased mean beat value become understandable only if we assume that both interference and beat are the result of analogous phenomena causing interference effects of photons or electrons. These processes are not based on simple mechanical wave summation principles but on quantum mechanical probability aspects which are known to contradict classical mechanistic ideas [7]. The light-analogous model of the wave-particle duality should be very helpful in explaining the sound propagation problems discussed above. This means that the minimum of the interference is not the sum of two phase-shifted waves with the phase difference of 180° but indicates when and where the absorption of quanta of energy is improbable. It is logical that this interference level covers a certain region and is not limited to a single point.

The interference phenomena discussed above show the same analogous nature as the double-slit experiment with light or electrons. The conclusions drawn from these experiments provide a basis for a new interpretation of the experiment with *Kundt's* tube. It is evident that the wave-like arrangement of the cork dust particles in this experiment is indicative of the wave nature of sound while at the same time the individual motions of the dust particles show the particle nature of sound, localized in space. The experiment with *Kundt's* tube may therefore be regarded as a clear indication of the wave-particle duality of sound.

In summary, we can deduce from the above discussion that there are three phenomena which contradict the classical description of sound propagation, namely

1) the principle of constant frequency which also applies as well when intensity decreases,
2) the *Doppler* interference shift in connection with supersonic velocity which depends solely on the *relative* velocity between source and receiver,
3) the interference and beat effects associated with sound which cannot be the result of classical summation processes but can be explained only on the basis of emission and absorption probability aspects in connection with quanta of energy.

All three phenomena suggest that the process of light propagation may serve as a possible model of a more realistic description of sound propagation. The new model must be able to prove that, although the generation of sound is determined by the medium and its characteristic velocity of sound, it is not based on the mechanical model of differences in density of the medium. The concept of wave-particle duality naturally meets this requirement. We therefore assume that sound should be regarded as particles at the places where they are emitted and absorbed but, when travelling between transmitter and receiver, it possesses the properties of a wave which cannot be localized in space and thus cannot be modified energetically in this region.

For the description of the process of sound propagation a new model was developed based on a quantized formulation of the sound force, presented in the next chapter. As can be seen in the *Appendix B* of this time related monograph, page 76-77, this method of quantization of the sound force is an analogy to the method used when formulating the gravitational force in a quantized manner.

3. The formulation of quantized sound force

It is known that the acoustic signal, i.e. the frequency, is modified by the medium at the place of its generation, i.e. by the mass of gas. This suggests that acoustic perception is to be regarded as a perception of sound force, taking into account the characteristics of the medium, in particular the *reference length of the medium*. To clarify this statement, we shall deal in more detail with the formulation of sound force in the following.

The relationship between the sound frequency f and the force F_S exerted on a string (or the gas in a pipe) is well known. It is given by

$$f = \frac{1}{2L}\sqrt{\frac{F_S L}{M}} = \frac{1}{2L}\sqrt{\frac{p}{\rho}} \tag{9}$$

with L equalling the length and M the mass of the string. In the second part of (9), L stands for the length of the wind instrument, p for the pressure and ρ for the density of the gas. The adiabatic exponent, which constitutes only a minor correction, was omitted in (9) for the sake of clarity. By transformation of (9) we obtain

$$F_S = \frac{M\upsilon^2}{L} \tag{10}$$

with the parameter υ, being defined by

$$\upsilon = 2L\,f \ , \tag{11}$$

i.e. by connecting the double string length $2L$ with the frequency f. The parameter υ means velocity in its classical sense, but it may also be interpreted as a parameter of transformation between length and time.

If υ in (10) is substituted by the so-called sound velocity υ_S of the gas, e.g. of air, we obtain the force formulation for sound generation via air. This means that any sound force is defined by the form of (10).

The assumed universality of (10) makes it possible to demonstrate the connection of the string with the ambient air. Three important facts are to be considered in this regard:

1) Both with the string and with the gas, the only connection between the force F_S and the frequency f is provided by the length L. It is therefore justified to interpret not only the υ of the string but also the υ_S of the gas as a parameter of transformation between length and frequency (i.e. time).

2) In the case of instruments which generate tones of high quality using strings, e.g. pianos, the length-to-frequency ratio υ approximates to the sound velocity value of air and not to that of the string material, although the latter would be feasible in terms of design. This fact clearly indicates the hierarchical level of air or gas in comparison with strings. In other words, it can be assumed that gas (air) plays the decisive role in sound generation not only in the case of wind instruments but also stringed instruments. This fact ensures a uniform description of quantized sound which is important in view of the many different types of acoustic sources.
3) The frequency of generated sounds usually depends neither on the degree to which the string or gas is excited nor on the gas pressure. The independence from gas pressure shows that the mass M in (10) may be conceived as a reducible quantity, e.g. as a sum of air molecules in the case of gas.

Owing to the hierarchical function of the gas or air in the process of sound generation and to the possibility of decreasing the intensity (i.e. the sound force F_S) for a constant f by a reduction of gas pressure, it is justified to postulate that the entire sound force F_S is distributed among individual gas molecules. We may therefore transform (10) into

$$F_S = \frac{M \upsilon_S^{\,2}}{L} = \frac{N_M \, M_o \upsilon_S^{\,2}}{L} \qquad (12)$$

with

$$M = N_M \, M_o \, . \qquad (13)$$

N_M equals the number of molecules M_o. Equation (12) means that in the case of a linearly increasing excitation, F_S also shows a linear increase, characterized by a linear increase of the number N_M. It is evident that *equation* (12) *represents the sound force in a quantized form, while this quantization exclusively refers to the gas mass M occurring in* (12). Reduced to a single molecule M_o, the minimum sound force $F_{S,o}$ is therefore given by

$$F_{S,o} = \frac{M_o \upsilon_S^{\,2}}{L} = \frac{\frac{2\upsilon_S}{c} \, h f}{\lambda_{W,M}} \qquad (14)$$

with

$$\upsilon_S = 2 L f \, . \qquad (15)$$

In these equations υ_S stands for the sound velocity of the gas type M_o, c for the velocity of light and f *for* the used frequency. The length $\lambda_{W,M}$ refers to the gas molecule M_o and is given by the *de Broglie* wave length:

$$\lambda_{W,M} = \frac{h}{M_o c} \quad , \tag{16}$$

where h is the *Planck* constant. For one nitrogen molecule N_2 in air and $\upsilon_S = 343$ m/s we obtain $\lambda_{W,M} = 4.72 \cdot 10^{-17}$ m.

To be in agreement with the conclusions deduced from the experimental results presented in Chapter 2, it seems to be plausibly to refer the quantization process to the basic energy characterizing the sound wave. Thus we start with the definition of the frequency related wave energy $E_{f,n}$ given by

$$E_{f,n} = \frac{E_{f,o}}{n_f} \equiv h\frac{f_C}{n_f} \quad , \tag{17}$$

where f_C is the *Compton* frequency and n_f a quantum number characterizing the sound energy $E_{f,n}$. In order to express the minimum sound force $F_{S,o}$ in a wave related, quantizes manner, we have to differentiate $E_{f,n}$ by means of the quantized effective length R_S related to the reference length $\lambda_{W,M}$, the *de Broglie* wave length of the particle mass M_o, defined by

$$R_S = n_f \, \lambda_{W,M} \quad . \tag{18}$$

Accordingly we obtain the minimum sound force $F_{S,o}$ in quantized, wave related form by the following procedure

$$F_{S,o} = \frac{\Delta E_{f,n}}{\Delta R_S} = \frac{1}{\lambda_{W,M}}\frac{\Delta E_{f,n}}{\Delta n_f} = \frac{1}{\lambda_{W,M}}\frac{E_{f,o}}{n_f^2 + n_f} \approx$$
$$\approx \frac{E_{f,o}}{n_f^2 \, \lambda_{W,M}} = \frac{E_{f,o}}{n_f R_S} \equiv h\frac{f_C}{n_f^2 \, \lambda_{W,M}} \quad . \tag{19}$$

Here we assumed that $n_f >> 1$. As proposed, both (14) and (19) have to be identical formulations of $F_{S,o}$. Thus the sound frequency f can be expressed by means of the ***sound quantum hf***, given by

$$hf = h \frac{\frac{c}{2\upsilon_S} f_C}{n_f^2} \quad . \tag{20}$$

It is evident that equation (20), i.e. our model, allows to describe, in general, the dependence of the sound frequency on the gas condition, on the velocity of sound υ_S and thus on the temperature.

It should be emphasized that this procedure shown in (17) – (19) formulating the sound force in a quantized manner is an analogy to the procedure used when describing the gravity force in a quantized representation, see *Appendix B*, page 76-77. We have only two differences: In our sound relate case the reference energy $E_{f,o} \equiv hf_C$ as well as the reference length $\lambda_{W,M}$ are both wave quantities, whereas in the gravity case the reference energy $E_{G,y} = M_y c^2$ and the reference length $\lambda_{G,M} = (L/M)M_y$ are gravity related.

The new parameter R_S, given by (18) and representing the sound frequency, is a quantized length related to $\lambda_{W,M}$. This length differs fundamentally from the string or flute length L. The length L refers exclusively to the frequency f. This means that L allows the time category to be transformed into the "distance" category, i.e. L permits a formulation of the sound velocity. R_S, on the other hand, indicates both the quantity of the sound quantum hf and the specific gas molecule for the sound emitter. R_S thus constitutes the parameter by which the sound quantum is characterized. As shown in Chapters 5 and 6, the effective length R_S plays a fundamental role in the process of sound emission and absorption.

The differentiation formulated in (19) means a quantum number change from n_f to $(n_f + 1)$, i.e. the force $F_{f,o}$ is given by the minimum energy change of (17). If the change of the number n_2 is increased to $(n_f + 2)$ or $(n_f + 3)$ etc., i.e. if increased quantum jumps are considered to be possible, the entire series of overtones is obtained. This formalism, i.e. the formulation of the sound force in (19) in accordance with the quantization principle, explains the generation of overtones (partials) in a simple way and shows that overtones constitute *independent* forms of sound forces. It is therefore not surprising that their decay time may differ one another, as is shown by musical experience [8].

4. The minimum loudness level

The quantization of mass made it possible to formulate an expression for the minimum sound force $F_{S,o}$ in (9). The loudness level is expressed by phon units or by the sound intensity I_S measured in W m^{-2}. The relation between the sound force F_S and the sound intensity is given by

$$F_S = \frac{I_S A}{\upsilon_S} \tag{21}$$

with A being the area on which the force is exerted. For purposes of biological loudness analysis, A represents the surface area of the tympanic membrane. Taking into account the minimum sound force $F_{S,o}$ formulated in (14) or (19), an expression for the minimum sound intensity $I_{S,o}$ is derived from (21) in the following form:

$$I_{S,o} = \frac{2\, M_o \upsilon_S^{\,2} f}{A} \tag{22}$$

This equation shows that in the case of an individual molecule $N_{M,min} = 1$, the intensity $I_{S,o}$ must increase in linear dependence on the frequency f. In Fig. 6, the auditory threshold of the human ear is represented by a broken line as a function of I_S and the frequency f [9]. It shows that, roughly speaking, the linear dependence $I_{S,o}(f)$ given by (22) is only achieved in the range above 1 kHz by man. The maximum sensitivity to sound intensity is given at $f = 3$ kHz where $I_{S,min} = 10^{-13}$ W m^{-2} . If these values are applied to (22), a surface $A = 3 \cdot 10^{-4}$ m^2 is obtained for air, represented by N_2, with a relative atomic mass $M_{o,rel} = 28$ and a sound velocity $\upsilon_S = 340$ m/s. It is remarkable that A corresponds to the surface area of the tympanic membrane in its order of magnitude. This suggests that the air achieves at 3 kHz the highest possible auditory sensitivity, i. e. the order of magnitude of $I_{S,min}$ corresponds with that of $I_{S,o}$. In other words, at a frequency of 3 kHz our auditory system is able to perceive even just a few sound quanta. This high sensitivity can only be increased by an increase in A. As a consequence, the auditory sensitivity of animals with an approximately equal area A cannot exceed the human sensitivity by more than one order of magnitude at 3 kHz.

Measurements of the lowest level of auditory sensitivity with birds and cats showed that at 3 kHz values below 10^{-14} W m^{-2} were not observed with any of these animals [10]. This fact supports the hypothesis presented in Chapter 3 according to which the existence of a quantized sound force has to be assumed.

The threshold level of audibility represented in Fig.6 equals the quantum value $N_M = 1$. This threshold, a consequence of quantized sound formulation, is to be conceived as absolute, i.e. independent of the type of source and adsorption. In this regard, it is remarkable that the minimum intensity level attainable with technical means is -10 dB at about 1 kHz. This fact may be regarded as a further important confirmation of the quantum model. An increase in the intensity or amplitude of a tone with the frequency f means an increase in the quantum number N_M. This interpretation of intensity can be applied to the number of "acoustically active" gas molecules. A consequence is the possibility to determine theoretically a dependence of sound intensity on gas pressure.

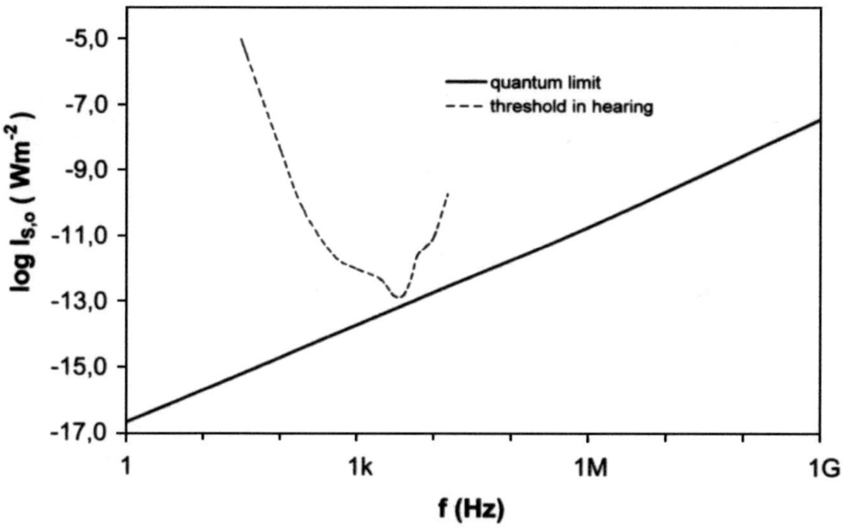

Fig. 6: *Logarithmic dependence of the minimum sound intensity $I_{S,o}$ on the frequency f at the temperature of 20° C. The dashed curve represents the auditory threshold of the human ear for an absorption area $A = 3 \cdot 10^{-4}$ m^2.*

5. The air-pressure dependent limitation of sound generation and the acoustic source model

In Chapter 2 it was shown that the process of sound transmission is easier to understand if we attribute to sound properties similar to those of light, such as wave-particle duality. This means that sound energy assumes a particle state only at the acoustic source and at the site of sound adsorption, whereas between source and adsorption site it is a wave which cannot be localized. Accordingly, the gas molecule can function as a sound quantum generator only at the source. This condition is not fulfilled in a high vacuum. We have shown in Chapter 3 that the generation of the perceptible sound force $F_{S,o}$ is a function of the effective length R_S related to the frequency f, see (18) and (19). In the case of an N_2 gas molecule and at a frequency $f = 1$ kHz the quantum number is n_f =

2.3×10^{11}, thus the length of R_S is 10.9 μm. It is therefore plausible to assume that R_S constitutes the limiting factor for the generation of sound quantum *hf*. In a spatial system, the air density must therefore be high enough to guarantee that the space R_S^3 contains at least one N_2 molecule. As a result of this consideration, we obtain a frequency-dependent minimum density for air which ensures that sound quanta of a given frequency can be realized. It is shown in Fig.7.

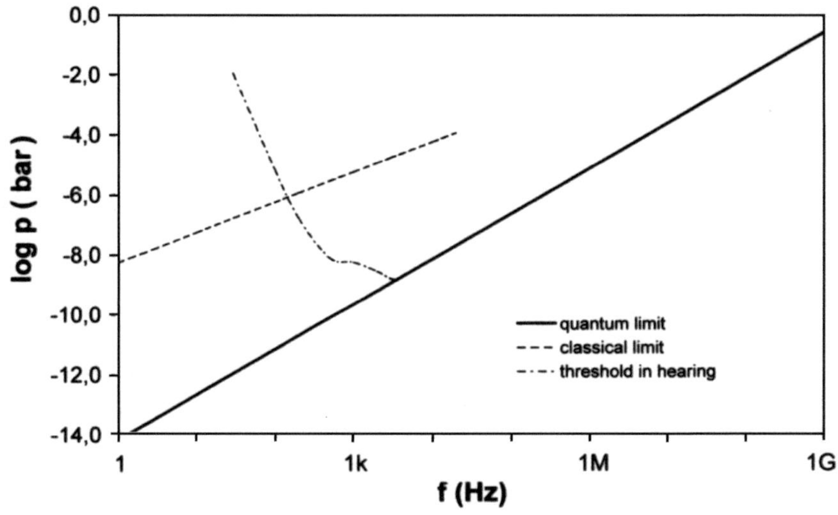

Fig. 7: *The limitation of sound generation by air pressure p at T = 20° C. The solid curve results from the quantum sound model, the dashed curve from the classical model. The dash-dot curve indicates the human auditory threshold.*

For frequencies $f < 1$ kHz, the limitation must be increased owing to the reduced sensitivity of the ear (see Fig.6). This is represented by a dash-dot curve. The dashed curve in Fig.7 represents the limitation calculated in a classical way. It was estimated on the basis of the free molecular path length, using a N_2 radius of $2 \cdot 10^{-10}$ m [11] and assuming a minimum of ten impulses for the representation of one wave. The maximum difference between the classical limit and the quantum limit is about 40 dB. If the acoustic source is placed in a vacuum and the sound intensity is measured by an absorber in air, the sound absorption caused by the vacuum casing and the decrease in sound intensity with the square of the distance must be taken account of. An auditory threshold of about 10^{-6} bar is then obtained on the basis of the quantum model which complies with experience. To sum up, we can therefore conclude that the dependence of sound transmission on air pressure cannot be used as an argument in favour of the classical mechanistic model.

Finally it should be pointed out that sound generation by means of N_2 molecules in the air atmosphere is only possible to a maximum level of 1 GHz, see Fig.7. This conclusion is confirmed by experience, since hypersound can be generated and transmitted only in solid-state material [12].

6. The role and function of stereocilium length in the cochlea of the auditory organ

As shown in (14) and (19), the minimum quantum force $F_{S,o}$ can be expressed in two ways: by the molecular energy $M_o \upsilon_S^2$ and the length L or by the wave energy $E_{f,n}$ and the effective length R_S. The role of L has largely been explored, while the function of R_S is still unknown. Physiological-zoological examinations of the hearing process, however, seem to provide interesting information on phenomena related to R_S.

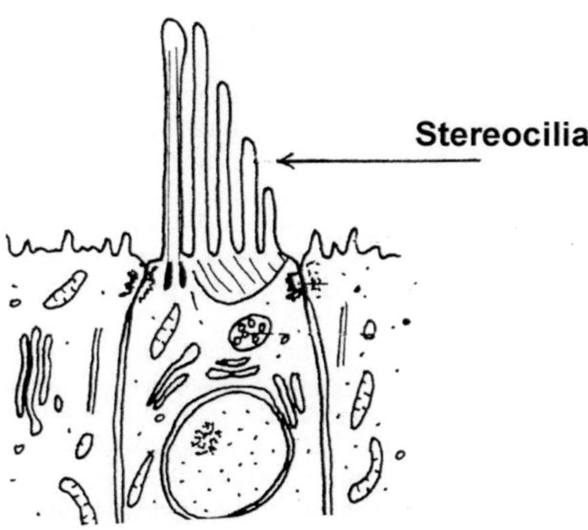

Fig. 8: *Schematic description of the stereocilia, the hair cells, which are embedded in the basilar membrane of the ear[10, 13].*

If the sound propagation hypothesis presented in this paper is considered to be true, it must be assumed that the external and middle ear function as a sound conductor, similar to a light conductor, and the task of sound absorption is to be assigned to the hair cells, designated ***stereocilia***, see Fig.8. In accordance with the mechanistic sound transmission model, it has been assumed so far that the excitation of hair cells is caused by a travelling wave propagating on the basilar membrane and that the only function performed by these hair cells consists in transforming the basilar vibration into the electrical energy required by neurons. Examinations conducted on vertebrates have shown, however, that pitch discrimination can hardly be associated with a travelling-wave propagation on the basilar membrane, but that it is directly related to the tonotopic order of the stereocilia, in particular to their longitudinal dimensions [13]. *These research findings support the idea that the lengths of the stereocilia might play an important role in the selective absorption of sound quanta.*

It is therefore all the more remarkable that the effective length R_S of the quantized sound model equals the stereocilium length of the hair cells in its order of magnitude. In the audible frequency range of $1 \cdot 10^2$ - $2 \cdot 10^3$ Hz, the length of R_S is around 10^{-5} m. With a frequency of 1 kHz, for example, the average length of the stereocilia indeed amounts to a few μm [13, 14]. It is plausible to assume that the length of the stereocilia constitutes a sort of "sound absorption antenna". Maybe that the surrounding fluid condition of the cochlea has a reducing effect on the relation between the sound frequency and the effective length R_S of the “antenna”, but the calculation based on (20) shows that this effect is neglecting. In this context, it should be considered that, on the one hand, the hair cell is embedded in the basilar membrane and that, on the other, the ends of the stereocilia are often connected with the tectorial membrane. It is therefore understandable that these boundary conditions, and in the case of mammals probably also the anomalous dispersion resulting from the gradual curvature of the basilar membrane, modify the specific frequency absorption. Irrespective of all these secondary influences, the causative factor by which sound absorption and frequency selection are determined seems to be the length of the stereocilia *per se*, and *not their mechanical strength properties.* This interpretation of R_S fully complies with the gas-pressure dependence of sound generation as described in Chapter 5.

This model helps to understand why frequencies can be identified by the ear with such a high degree of selectivity which would hardly be conceivable with the travelling wave model being applied. The stereocilia belonging to one hair cell are not equal in length but *graduated in a step-like fashion* (see Fig.8). It would be very interesting to examine whether the idea of assigning these gradations to the overtones (i.e. harmonics) of the fundamental tones of the hair cells is correct. An irregular gradation, which does not correspond to the overtones, could be the reason for a congenital lack of musicality caused by physiological factors.

Finally two important remarks have to be made. The absorption of the sound quantum *hf*, localized by the hair cell, is transformed into vibrational motions of the stereocilia and, since the hair cell is embedded in the basilar membrane, an extended motion similar to vibration is produced simultaneously in the membrane. According to the new sound quantum model, this motion of the basilar membrane is not to be conceived as the primary cause of the absorption process, but as a consequence. This model also suggests that the observed vibrations of the tympanic membrane are to be attributed either to a dissipative share of the transmitted sound energy or to an interconnecting function of the tympanic membrane, with the latter both absorbing the sound energy and emitting it towards the cochlea.

Furthermore it should be taken into account that the auditory range of the ear is limited by the R_S values and their potential modification by physiological factors; thus it cannot result from the mechanical strength of the basilar membrane. In fact, it has been established that vertebrates differ widely in the form and thickness of the basilar membrane even within the same auditory range [15].

7. Summary

It was shown that four fundamental facts contradict the mechanistic sound transmission model which is based on the propagation of air compression - expansion waves:

1) The principle of constant frequency in acoustic attenuation.
2) The properties of *Doppler* frequency shift, showing *specific* behaviour with the speed of the transmitter relative to the receiver being in the range of sound velocity.
3) The increase in sound intensity with an increase in the number of sound sources of equal frequency.
4) The specific interference properties of sound.

A general solution to these fundamental problems has been presented. It is based on the conception that, analogous to light, sound consists of energy quanta and that these quanta are of a dual wave-particle nature.

The quantization of sound and its ambiguous nature were demonstrated. The derivation of sound force was discussed in detail. The new formulation technique of force can be compared with the quantization procedure of the gravity force (see *Appendix B*, page 76-77).

The analysis of sound force shows that two different kinds of quantization are relevant in this context:

1) a quantization related to the gas or air molecule mass, which allows a definition of the minimum sound force $F_{S,o}$, and
2) a quantization related to the reference energy hf_C, which characterizes the wave related sound energy quantum hf and which is used to formulate the *effective* wave length R_S related to the sound force $F_{S,o}$.

The quantized sound model leads to multi-faceted and far-reaching consequences. A necessary consequence of sound quantization is the existence of a clear and unambiguous minimum sound intensity. This minimum intensity is derived from the minimum sound force $F_{S,o}$ as a function of frequency. The fact that the auditory sensitivity of humans and animals and the values obtained by technical methods are indeed not below this level may be regarded as a confirmation of the quantum model.

The minimum sound force $F_{S,o}$ can be expressed by means of the gas molecule energy $M_o\upsilon_S^2$, which stands for the particle form, and/or by means of the sound quantum energy *hf*, corresponding to the wave form of the sound. This possibility represents Bohr´s principle of complementarity.

The length parameter R_S, which is required for the generation of sound quanta and determines the dependence of sound on gas pressure, approximates the stereocilium length of hair cells in the auditory organ of animals and humans. The assumed functional relationship between R_S and the stereocilium length yields an explanation for the fact that the stereocilia have step-like graduated, i.e. quantized, lengths; moreover, it leads to the conception that the stereocilia constitute a kind of "sound antenna". This would mean that, in contrast to previous assumptions, sound is not absorbed by the basilar membrane and that the travelling wave model cannot be used to explain the processing of sound in the ear. This new hypothesis is supported by physiological findings concerning sound processing in vertebrata.

Acknowledgements

The author would like to thank *E. Jacobs*, *I. Eisele*, *W. Hansch*, *H. Fastl* and *G. Manley* for the many critical comments they offered and the stimulating discussion they contributed to. It is a pleasure to acknowledge *H. Meyer*, *W. Blank* and *W. Koenig* of the German Air Forces for generous support. Many thanks are also due to *H. Bergauer* for his assistance in the performance of interference measurements and *K. Aufinger* for supporting the computer analysis.

References

[1] J.G. Roederer, *The Physics and Psychophysics of Music. An Introduction*, Third Edition, Springer, New York, Berlin, 1995.
[2] J.R. Pierce, *The science of musical sound*, Scientific American Books, Inc., New York, 1983.
[3] see [1], p. 78-80 and 116.
[4] Ch. Gerthsen, H. Vogel, *Physik*, Springer, Berlin, 1993, p. 140.
[5] D. Mende and G. Simon, *Physik. Gleichungen und Tabellen*, 8th edition, VEB Fachbuchverlag, Leipzig, 1983, p. 280.
[6] K: Knobling, *Flugzeug-Aerodynamik*, Vol. 2, Bundeswehr University Munich,Neubiberg, 1979, p. 20.7.

[7] T. Hey and P. Walters, *The quantum universe*, Cambridge University Press, Cambridge, 1987, p. 6-12.
[8] see [1], p. 116-117.
[9] see [1], p. 90, Fig. 3.13.
[10] G.A. Manley, *Peripheral Hearing Mechanisms in Reptiles and Birds*, Springer, Berlin, 1990, p. 238.
[11] see [4], p. 206.
[12] see [4], p. 183.
[13] see [10], p. 265-268, 270-271.
[14] A. Wright, *Hearing Research* 13, 89 (1984).
[15] see [10], p. 254-255.

Appendix B

Sun, Earth, Moon - the Influence of Gravity on the Development of Organic Structures

Part I) The Influence of the Sun and the Perception of Time

Abstract of Appendix B, Part I

It is shown that gravitation mediates the recognition of time. A gravitation-based model in quantized form for describing the 30-millisecond threshold of time order in seeing, hearing and touching and the 3-second limit of the integration mechanism in the brain is presented. The quantum model is applied to *Kepler's* second law to derive the duration quantum, which allows us to explain the above-mentioned psychophysical phenomena as a result of solar gravitation. Gravitationally caused changes in the 30-millisecond threshold and 3-second limit of the integration mechanism in human beings on Mars will be discussed. This paper shows that the biological rhythms of organic cells, i.e. the motor of life, can be attributed to the effect of gravitation, in particular of solar gravitation.

1. Introduction

Paul Davies ventured in the monograph “The Fifth Miracle” that the origin of the information and thus also of all biological information is related to gravity [1]. Furthermore he stated that the origin of life and order should be related to gravity. It is evident that the concept of order in life is based on the concept of time. Seen in this context any investigation of the origin of life should be connected with the analysis of both gravity and time. For a more detailed consideration the analysis of quantum gravity and quantized time is necessary. It is evident that a quantum description of gravity and time should reflect the statements of quantum mechanics. One basic statement of quantum mechanics is the strong interconnection between the observer and the object to be observed [2]. Thus when searching for the origin of life it seems advantageous to study above all the process of the perception of time. Hence in the Part I of the paper we are concerned with the analysis of the process of perception of time.

Extensive experiments have been carried out in recent years on time-related processes in human beings and animals. Several of these processes have been clarified above all by psychophysical studies. These studies have dealt with situations in which non-simultaneity and the time order of two events have been recognized and have aimed at determining the *temporal limit* [3 - 7]. These processes have been studied in connection with *sight, sound and touch*. In order to differentiate between simultaneity and non-simultaneity, we require at least an interval of 2 to 3 milliseconds for heard events and approximately 10 milliseconds or more for seen events [4, 7, 8]. In order to assess time order, which is a question of recognizing the sequence of events, we require at least 30 milliseconds [7, 9, 10]. This temporal difference between the recognition of non-simultaneity and time order is puzzling.

It is reasonable to say that an event is embedded in the flow of time, that is, it is linked to duration. On the other hand, it is also clear that in order to perceive duration we must be able to recognize time order. Without this ability it would be impossible to grasp speeds and causal relationships in the objective world. There is a reason for the observation of different limits for non-simultaneity and the recognition of time order. In order to differentiate between the simultaneity and non-simultaneity of two events, the existence of a universal, regularly flowing temporal duration is not absolutely necessary. By contrast, however, recognizing time order can only be done on the basis of a regular flow of time. It is therefore not inconsistent, despite the fact that even short events have a duration, to speak of an ***atemporality*** in the process of perception below 30 milliseconds [5, 11, 12].

When analyzing this problem we must take into consideration that the threshold values for assessing time order by the most important senses, i.e. by seeing, hearing and touching, are approximately the same size. This finding, as well as the fact that a similarly sized threshold value has been identified for time-related neurophysiological processes in cats [13], leads us to the assumption that physiological processes alone are not necessarily responsible for the existence of this threshold. A process that would be determined by electrically oscillating processes [14], i.e. by extremely variable and instable capacities, inductivities and resistances in the brain, could hardly be limited by a general observable threshold.

It is generally assumed that the flow of duration is a result of the perception of cyclical processes [15]. It is the yearly cycles in particular that cause the widespread cyclical phenomena in nature. These insights can be used to develop a different and completely new model. The causal background for cyclical phenomena is gravitational force. It is therefore plausible to use gravitation to explain processes of perceiving duration. In actual fact, experiments performed on astronauts have shown that changes in gravity also cause changes in temporally determined physiological processes [16, 17].

This paper will examine whether and to what extent gravitation can be seen as the creator of temporal perception. To do so, we must represent gravitation in quantized form in order to be able to attribute the temporal thresholds observed in perceptive processes to gravitational interactions. For this reason, a model will be presented that allows gravitational force to be formulated in a quantized manner. The plausibility of this procedure will be documented in Chapter 2 by the correspondence, in the limiting case, between quantized gravitational force and the classic formulation. An important result of the quantized representation of gravity is the quantized formulation of the gravitational field, the formulation of an uncertainty relation of time and above all the formulation of the quantized time and of a duration quantum that represents the basis for the explanation of the order threshold. These results are presented in the third to sixth Chapters. The assumption that the psychophysically observed order threshold value could be a consequence of the gravitational interaction between the sun and the human body on Earth will be substantiated in Chapter 7 with the numerically calculated value of the duration quantum. The concrete results of the model also show that the numerous indications of a 3-second limit of undisturbed processing of perceived events in the brain, known as the 3-second effect [4, 5, 7, 18 - 21], can also be attributed to the gravitational interaction between the sun and the Earth.

The hypothesis of a gravitational reason for the above-mentioned 30-millisecond and 3-second limits appears to plausible, since human beings and all living creatures on the Earth are on a cyclical, elliptical orbit around the sun and are thus constantly subjected to this gravitationally caused dynamic force. Experience with the macroscopic quantum effects of two-dimensional systems of solid-state physics have proved to be extremely useful in formulating the quantized gravitational model [22 - 25]. A hypothetical model will be presented in Chapter 8 that uses the boundary conditions of the two-dimensional Quantum Hall effect (QHE) [26] and the fractional Quantum Hall effect [27 - 29] - Nobel prizes in 1985 and 1998 - as a basis in order to show the formation and the effect of gravitationally caused rhythmic time-signal transmitters (zeitgebers) in organic structures.

At the end of Part I it will be shown that the ***"zeitgeber"***, formulated by equation (35), represents the interweaved connection of the non local information of time with the matter. Thus the zeitgeber can be understood as one of the most important mediator of the development of organic structures. To further support this hypothesis, the influence of the moon on the organic structures on the Earth will be analyzed in Part II of this contribution.

2. The derivation of quantized gravitational force

Quantum phenomena were first discovered by scientists describing the movement of electrons around the atom nucleus. They described the energy wave state of the electron with a (quantum) number *n* referring to reference energy; changes in the electron state were represented by changes in the (quantum) number n. We will now attempt to apply this procedure to gravitation. In doing so, we must keep in mind that gravitational force is an interaction between two different masses; the first is moving mass M_x , a "test mass" moving in the gravitational field, and the second is mass M_y , the source of gravitation.

Based on the model of the quantized description of the state of an electron, the state of the moving mass M_x will be formulated using mass energy $M_x c^2$ and a quantum number n. Since there is interaction between the two different masses M_x and M_y, n must not only characterize the M_x state but must also reflect the gravitational influence of M_y. The strength of the influence of M_y on M_x is dependent on the distance between the masses. For this reason, we can document the influence of M_y in a distance formulation. These boundary conditions can be fulfilled when we postulate that, with respect to the mass M_y, the observed energy of state E_n of the moving mass M_x is represented by

$$E_n = \frac{M_x c^2}{n} \tag{1}$$

and the distance R_n between M_x and M_y is represented by

$$R_n = n\,\lambda_G \,. \tag{2}$$

In these equations, c is the speed of light, λ_G is a reference length that characterizes the M_y mass, and n is a quantum number. It is identical in (1) und (2), thus guaranteeing the uniqueness of the interaction between the M_x and M_y masses. As can be seen in the following, ***the boundary conditions can only be brought into agreement with the experience in gravitational force if the Einstein-Schwarzschild gravitational radius is used for the reference length*** $\boldsymbol{\lambda_G}$, i.e. [30, 31]

$$\lambda_G = \frac{L}{M} M_y = \frac{G}{c^2} M_y \,. \tag{3}$$

As is shown here, λ_G is proportional to the gravitational constant G, which is 6.67259×10^{-11} m^3/kg s^2 [32]. L = 4.05084×10^{-35} m is *Planck* length and M = 5.45621×10^{-8} kg *Planck* mass.

The consistency of postulates (1), (2) and (3) will be explained with the formulation of the quantized gravitational force F_n acting on the M_x mass. According to our model, F_n is defined as a change of state related to the distance R_n [33]. Thus

$$F_n = \frac{\Delta E_n}{\Delta R_n} = \frac{M_x c^2}{\lambda_G} \frac{\Delta(\frac{1}{n})}{\Delta n} \quad . \tag{4}$$

This equation tells us that the change in *n* should take place in quantum steps from *n* to $n\pm1$, $n\pm2$, $n\pm3$, ... The only change that will be discussed here is that of *n* to $n\pm1$, because only this change can be made to agree with the empirical equation. Considering only absolute values here and in the following, we can thus write

$$F_n = \frac{M_x c^2}{n(n+1)\lambda_G} = M_x \frac{c^2 \lambda_G}{R_n R_{n+1}} \tag{5}$$

with

$$R_n = n\,\lambda_G \;, \quad R_{n+1} = (n+1)\,\lambda_G \quad . \tag{6}$$

For $n >> 1$ we have $R_n \approx R_{n+1}$. Thus we receive the classic expression for gravitational force from (5) for $n >> 1$, also using (3)

$$F_n = \frac{M_x c^2 \lambda_G}{R_n^2} = G \frac{M_x M_y}{R_n^2} \tag{7}$$

The agreement of (7) with the classic formulation of gravitational force attests to the fact that this quantized method of describing gravitational effect is allowed. *The justification for the postulated relations (1), (2), (3) and (4) will be discernible with the possibility of describing and explaining the observed psychophysical effects with the quantized gravitational model.* Moreover, as can be easily shown, the compatibility of the duration characteristics here presented with these of the general theory of relativity, in particular at $n >> 1$, yields another justification for the postulated relations.

3. The dual formulation of gravitational field

Equation (5) shows that the quantized gravitational field g_n is given by

$$g_n = \frac{c^2}{R_n\, R_{n+1}} \lambda_G \qquad (8)$$

In order to arrive at the time dependency of g_n , we must define the connection between λ_G and c . This yields the gravitational reference time, defined by

$$\tau_G = \frac{\lambda_G}{c} \qquad (9)$$

Considering (6), (8) thus becomes

$$g_n = \frac{\lambda_G}{n\,(n+1)\,\tau_G^2} \qquad (10)$$

This description allows us to develop a formula for the quantized gravitational field dependent on the distance R_n and R_{n+1} and on the *effective* time related to a cycle t_n and t_{n+1}:

$$g_n = \frac{R_n}{t_n^2} , \qquad (11a)$$

$$g_n = \frac{R_{n+1}}{t_{n+1}^2} \qquad (11b)$$

with the times t_n and t_{n+1} given by

$$t_n = n\sqrt{n+1}\;\tau_G , \qquad (12a)$$

$$t_{n+1} = (n+1)\sqrt{n}\;\tau_G . \qquad (12b)$$

This means that g_n can be expressed in two different ways. The reason for this can be found in the equation for the force F_n, which represents the transition of energy (1) from n to n+1 . It should furthermore be kept in mind that, in accordance with *Kepler's* third law, the times t_n and t_{n+1} when multiplied by 2π correspond to the cyclical periods T_n and T_{n+1}, with R_n and R_{n+1} representing the semimajor axis of the ellipse. It thus follows that the time given in (12a) or (12b) refers to the semimajor axis R_n or R_{n+1}.

4. The uncertainty relation of duration

As (8) shows, g_n is defined according to the distances R_n and R_{n+1}, which occur at the same time. In principle, however, R_n and R_{n+1} cannot be simultaneous. In order to resolve this paradoxical situation, we must take into consideration that g_n can be described with temporal structures, i.e. the effective orbital time. As (11a) and (11b) have shown, this is done in two different ways. With this in mind, it becomes apparent that an uncertainty of duration could be effective here, since the intermediate domain between (11a) and (11b) can be described neither with R_n nor with R_{n+1}. It can, however, be described by an *uncertainty of duration* Δt_n given by the difference from (12a) and (12b), i.e. by

$$\Delta t_n = [(n+1)\sqrt{n} - n\sqrt{n+1}\,]\,\tau_G \,. \tag{13}$$

A fundamental aspect of the uncertainty of duration is that it presupposes and requires a decoupling of space and duration, since as a result of this uncertainty causal connections cannot be guaranteed. The temporal scope of Δt_n thus represents the domain of decoupling between the distance R_n and the duration t_n . This also means that g_n can be described by t_n and Δt_n alone, i.e. by the time structure, without our having to take into consideration the change in the space distance from R_n to R_{n+1}.

It is evident that g_n describes that gravitational field strength that refers to the nth state. With respect to (12a) and (12b), it is thus useful to reformulate duration t_n in such a way that it reflects state n and at the same uncertainty of time Δt_n. These prerequisites are then completely fulfilled when we describe duration in the nth state not by both (12a) and (12b) but solely by

$$t_n = n\sqrt{n^*}\,\tau_G \tag{14}$$

with n^* allowing us to include the uncertainty of duration. In this case the gravitational field g_n is given solely by one expression, i.e. by

$$g_n = \frac{R_n}{t_n^2} \tag{15}$$

with t_n defined by (14). It is easy to find out that at these circumstances, i.e. in accordance with (11a), (11b), (12a), (12b) and (13), the variety of values of n^* in (14) is limited by

$$n+1 \leq n^* \leq n+2+1/n \quad (16)$$

5. The duration recognition process

It is notable that (15), which describes an uncertain, but quasi-circular motion, can be reformulated to become

$$g_n = \frac{c^2}{n\,n^*\,\lambda_G} \quad . \quad (17)$$

The time parameter t_n does not appear here. This indicates that time as a duration is not provided in quasi-circular motion. In fact, it can be shown that only by diverging from this quasi-circular movement is it possible to recognize duration as a parameter independent of space.

We start out from the notion that a certain disturbance in the nth state is possible, without changing the energy of the assumed two-body system. The stability of the two-body system is guaranteed by the validity of *Kepler's* second and third laws [34].

In the quantized model, we assume a change in distance divergent from R_n as follows: starting out from the state n to the state n+1, then n+2, etc. up to $n+m_{max}$, then back from the state $n+m_{max}-1$, $n+m_{max}-2$, ..., through n to $n-m_{max}$, and then back again to the state n, with $m_{max} < n$ being valid for the quantum number m_{max}. This sequence can also proceed in reverse. It is obvious that this ordered sequence of quantum numbers allows the course of constantly flowing time. The sequence of the quantum numbers is symmetrical and thus guarantees a closed and repeatable cycle. This symmetry forms around the main quantum number n and as a result it is – observed as a whole – asymmetrical, being enclosed by the highest quantum number $(n + m_{max})$ and the lowest quantum number $(n - m_{max})$. It is evident that, projected onto two-dimensional space, this asymmetry leads to an elliptical orbit with a real and an imaginary gravitational center.

This model will now be used to develop a formula for the local velocities in an elliptical orbit that will lead to statements about the origin of time as duration. It is evident that, according to (14) and (15), the mean velocity υ_n is given by

$$\upsilon_n = \frac{R_n}{t_n} = \frac{\lambda_G}{\sqrt{n^*}\ \tau_G} = \frac{c}{\sqrt{n^*}} \quad . \tag{18}$$

When we attempt to develop a formula for variable velocity that corresponds to an elliptical orbit, *Kepler's second law* must be taken into consideration. This law requires constant angular momentum. This means that

$$\upsilon_{(n,m)}\ R_{(n,m)} = \upsilon_n\ R_n = konst. \quad . \tag{19}$$

In this case, $\upsilon_{(n,m)}$ is the velocity at a position (*n,m*) in the elliptical orbit, and $R_{(n,m)}$ is the distance between the gravitational center and the position (*n,m*). The quantized number *m* signifies the variability of the distance *R* between M_x and M_y . The desired local velocity $\upsilon_{(n,m)}$ at the position (*n,m*), defined by the distance $R_{(n,m)}$

$$R_{(n,m)} = (n+m)\ \lambda_G \tag{20}$$

is, on account of the required constancy (19), given by

$$\upsilon_{(n,m)} = \frac{R_n}{(n+m)\sqrt{n^*}\ \tau_G} \tag{21}$$

with the duration $t_{(n,m)}$ being defined as

$$t_{(n,m)} = (n+m)\sqrt{n^*}\ \tau_G \quad . \tag{22}$$

In the equations (20) - (22) as well as in the following, *m* is used to take into consideration both the positive as well as the negative quantum values, i.e. *m* is given by $-m_{max} < m < m_{max}$.

In order to explain equation (21), we must first note that although the velocities $\upsilon_{(n,m)}$ are dependent on the "positions," i.e. on (*n,m*), the corresponding distances unexpectedly remain independent of these "positions" (*n,m*). ***The distances corresponding to the velocities*** $\upsilon_{(n,m)}$ ***do not vary; they remain the same and correspond to the value*** R_n . In order to explain this fact, we must consider the following: $\upsilon_{(n,m)}$ is proportional to distance and inversly proportional to duration. With $\upsilon_{(n,m)}$ we can recognize that duration is only a parameter independent of space when distance is constant. *Kepler's* second law thus tells us that this constancy of R_n is only given when the two-body system is a closed system with constant energy and constant angular momentum. These boundary conditions are also the basic prerequisites for the origin of cyclical movement. *Seen in this context, this* R_n *is not to be understood as an optically observable and thus temporally variable distance but rather as an expression of a temporally independent unity of this system.* R_n in (21) is thus to be comprehended as a *holistic* distance parameter that, in agreement with (2), represents the nth state of the two-body system and thus cyclical motion. As a result of this holism, $t_{(n,m)}$ always indicates a period which is characteristic for the "position" (n,m). With this explanatory description, it is understandable why *the observed variability of* $\upsilon_{(n,m)}$, *as shown in* (21*), can be traced back solely to the variability of* $t_{(n,m)}$. ***These interconnections reveal why cyclic processes let us perceive duration, i.e. the category "time.***

6. The duration quantum

Equations (21) and (22) show that despite the variability of $t_{(n,m)}$ the factor $(n^*)^{1/2}\ \tau_G$ remains unchanged, i.e. it remains the same size for all locations (n,m) in the elliptical orbit. We may thus postulate that

$$\sqrt{n^*}\ \tau_G \tag{23}$$

represents a duration quantum characteristic of the nth state of a two-body system.

Based on this assumption, it is now easy to explain the number n in (14) and the number $(n + m)$ in (22) as a number of duration quanta. The approximation n $(n^*)^{1/2} \rightarrow n^{3/2}$ is allowed for $n >> 1$, but it should not be forgotten that $(n^*)^{1/2}$ represents the existence of a duration quantum.

On account of the explanation of $(n^*)^{1/2}\ \tau_G$ and n, as well as $(n + m)$, it is now possible to define the duration between two quantum leaps. It is given by

$$\frac{t_{(n,m)}}{m_{\max}} \ . \tag{24}$$

In this case, $t_{(n,m)}$ is the duration formulated in (22) and m_{max} is the number of quantum transitions. (24) thus defines a local duration that is not "disturbed" by quantum leaps, i.e. it indicates an undisturbed duration. This duration is of great significance, for it is extremely likely that this period of time corresponds to our *awareness of the present*, see Chapter 7.

The plausibility of the model presented here can be tested with the following equation derived from (20) and (21) for $n >> m_{max}$

$$\frac{R_{\max}-R_{\min}}{R_{\max}+R_{\min}} \equiv \frac{\upsilon_{\max}-\upsilon_{\min}}{\upsilon_{\max}+\upsilon_{\min}} \equiv \frac{\frac{1}{\upsilon_{\min}}-\frac{1}{\upsilon_{\max}}}{\frac{1}{\upsilon_{\min}}+\frac{1}{\upsilon_{\max}}} = \frac{e}{a} = \frac{m_{\max}}{n} \quad , \qquad (25)$$

where R_{max} and R_{min} are the maximum and minimum distances, υ_{max} and υ_{min} are the maximum and minimum velocities, e is linear eccentricity and a is the semimajor axis of the ellipsis that corresponds to the distance R_n , i.e. $R_n = a$. As has been demonstrated in (25), the ratio e/a , the numerical eccentricity, can be represented by the quantized form m_{max} / n .

As a suitable example, we can use the known data of the Earth's movement around the sun. The minimum and maximum distances from the sun are $R_{min} = 1.471\times10^{11}$ m and $R_{max} = 1.521\times10^{11}$ m, while the perihelion velocity is $\upsilon_{max} = 3.029\times10^{4}$ m/s and the aphelion velocity is $\upsilon_{min} = 2.929\times10^{4}$ m/s [15]. All three relations shown in (25) result in a numerical eccentricity of $e/a = 0.0167$. This agreement testifies to the linear character of variability, as it was formulated in (20) – (22), and impressively and convincingly confirms the independence of the duration quantum from m variability.

In order to determine the duration quantum $(n^*)^{1/2}\ \tau_G$, we require the quantized representation of the semimajor axis R_n by way of the reference length $\lambda_{G,sun}$. If we take the mass of the sun to be $M_{y,sun} = 1.989\times10^{30}$ kg [15], we arrive at a reference length of $\lambda_{G,sun} = 1476$ m and a reference time of $\tau_G = 4.93\times10^{-6}$ s . Since the average distance between the sun and the Earth is $R_{E\text{-}S} = 1.496\times10^{11}$ m , we arrive at the quantum number $n = 1.013\times10^{8}$. The fluctuation between the smallest and largest distance from the sun is 5.0×10^{9} m, which yields $m_{max} = 1.7\times10^{6}$. Applied to n , this m_{max} provides the expected numerical eccentricity of 0.0167 [15]. The values n and τ_G result in a duration quantum of $(n^*)^{1/2}\ \tau_G =$ = 49.6 ms .

7. The calculation of the order threshold and the 3-second integration mechanism value

The uncertainty of the duration Δt_n , defined in (13), represents a duration within which the notion of temporal order and thus of causality is lost. This explanation of Δt_n appears to correspond completely with findings concerning the existence of a *physiological order threshold value.* It is thus useful to calculate how large the gravitational limit values Δt_n of both the Earth and the sun are.

The uncertainty equation of duration (13) can be reformulated so that, for $n \gg 1$, we arrive at

$$\Delta t_n \cong \frac{1}{2}\sqrt{n}\,\tau_G = \frac{\sqrt{G\,R_n\,M_y}}{2c^2} = 4.544\times 10^{-23}\sqrt{R_n\,M_y} \quad , \qquad (26)$$

where M_y is the mass of the gravitational center and R_n is the distance between the gravitational center and the object, i.e. the planet.

For the sake of discussion, we will calculate the uncertainty of duration $\Delta t_{n,Earth}$ caused by the gravitation of the Earth. The mass of the Earth is $M_{y,Earth}$ = 5.974×10^{24} kg and the average radius of the Earth is R_{Earth} = 6.373×10^{6} m [15]. With these values, we arrive at an uncertainty of duration of $\Delta t_n = 0.28$ μs .

The difference between $\Delta t_n = 0.28$ μs and the psychophysical threshold value of 30 milliseconds is five orders of magnitude. This means that the gravitation of the Earth is not the reason for the observed order threshold. This finding is not surprising, since our brain does not carry out rhythmic movements related to the Earth's gravitation.

For this reason, we will use (26) to calculate the uncertainty of duration related to solar gravitation. With the values for the mass of the sun $M_{y,sun}$ and for the distance between the sun and the Earth $R_{E\text{-}S}$, we arrive at an uncertainty of duration of $\Delta t_n = 24.9$ ms . The higher effectiveness of $\Delta t_n = 24.9$ ms over the Earth related $\Delta t_n = 0.28$ μs results from the dominance of the larger duration threshold over any shorter threshold value.

The agreement between the uncertainty of duration threshold $\Delta t_n = 24.9$ ms and the order threshold of approximately 30 ms commonly observed in connection with sight, sound and touch of the man and apparently also in animals [7] points impressively to the gravitational model. An important role in this process is played by the impossibility of shielding oneself from the effects of gravitation. Unlike light, gravity affects the entire human body.

A further processing mechanism of the brain, what is known as the 3-second integration mechanism, also appears to speak in favor of the plausibility of the gravitational model. This 3-second mechanism exerts a powerful influence on the thinking process. It is assumed that our brain can only integrate successively occurring events into a homogenous whole if these take place within a time window of approximately 3 seconds. This temporal integration concerns the comprehension not only of sound structures, spoken words and optical impressions but also of sensorimotoric behavior [4, 5, 7, 18 - 21]. It is important to note that this effect is independent of the cultural origins of the observed persons [19] and that it has also been observed in mammals [35]. These observations point towards the *universality* of this effect and support the idea that this temporal limit, too, could be determined by solar gravitation.

It is evident that this 3-second time window can be considered to be an undisturbed duration. It is thus useful to compare this duration with the duration calculated in equation (24), i.e. the undisturbed duration between two quantum leaps. If we take the sun to be our gravitational center, we arrive at an undisturbed duration of 2.9 seconds when $t_n = T_n/2\pi = 5.023\times10^6$ s und $m_{max} = 1.7\times10^6$. The variability in $t_{(n,m)}$ formulated in (24) does not have an effect on our results. The agreement with the psychophysically observed 3-second effect [4, 5, 7] is surprising at first glance. If, however, we include in our analysis the assumption that our perception of time is determined by solar gravitation, then this agreement is to be expected.

In summary, we can say that *not only the time threshold value but also the 3-second effect indicate that the gravitationally caused, cyclical and dynamic movement of the Earth around the sun appears to be the fundamental zeitgeber or time generator for our biological body.*

8. Discussion model of the origins of biological rhythms

In Chapter 7, it was stated that the permanent gravitational interaction between the sun and the Earth can be understood as a "time" generator. Accordingly, this gravitational, duration-creating effect of the sun is equal for all mass-related parts of the Earth. The question thus arises whether the biological rhythm generator working in biological organisms is to be understood as a further, different "time" generator, or whether the biological zeitgeber too can be traced back to the effect of solar gravitation. It is obvious that only in the latter case would we have a uniform picture of "time" as a category. We will thus examine whether there could be a connection between the gravitational effect and biological rhythms. The discussion will focus above all on solar gravitation as the source of this rhythm generator, since its implementation in the form of duration and velocity takes place incessantly on Earth.

The equation for the gravitational force F_n shown in (4), (5) and (7) and the related gravitational field or acceleration g_n in (8), (11a,b), (15) and (17) are for a given n temporally unchangeable quantities. In order to arrive at a time-dependent description of elliptical movement, it is thus necessary to define a variable force $F_{(n,m)}$ and a variable acceleration $g_{(n,m)}$, both of which are related to a position (n,m). We thus write

$$F_{(n,m)} = M_x \, g_{(n,m)} \quad , \tag{27}$$

where M_x in the case under discussion has the meaning of an independent moving mass on Earth, i.e. M_x is moving independently from the mass of the Earth $M_{x,Earth}$.

The sun-Earth system is treated as a closed two-body system. Since M_x undergoes the same elliptical movement as the center of the Earth, it can be concluded that M_x in (27) must also correspond to the law of conservation of angular momentum and that of energy. With (19), it is easy to prove that the local value of $g_{(n,m)}$ must be given by

$$g_{(n,m)} = \frac{R_n}{t_n \, t_{(n,m)}} = \frac{\upsilon_{(n,m)}}{t_n} = \frac{\upsilon_n}{t_{(n,m)}} \quad . \tag{28}$$

(27) and (28) give us

$$F_{(n,m)} = \frac{M_x \upsilon_n}{t_{(n,m)}} \quad . \tag{29}$$

Surprisingly, the impulse of the mass M_x , given by $M_x\upsilon_n$, is represented in a temporally unchanged form. This means that *the variability of the force $F_{(n,m)}$ in (29) is demonstrated solely by the duration $t_{(n,m)}$*. In terms of explanation, this combination of temporally unchangeable impulse and variable orbital time $t_{(n,m)}$ appears to be conflicting. This paradox can, however, be resolved.

Owing to the time-independence of the impulse, the position-related force $F_{(n,m)}$ can be written as

$$F_{(n,m),\lambda} = \frac{M_x \upsilon_n}{t_{(n,m)}} \equiv \frac{h}{t_{(n,m)} \, \lambda_{M_x}} \quad , \tag{30}$$

where

$$\lambda_{M_x} = \frac{h}{M_x \upsilon_n} \quad . \tag{31}$$

λ_{Mx} is the *de Broglie* wave related to M_x and υ_n, and h is *Planck's* constant. We see that $F_{(n,m),\lambda}$ is given here by the ratio of duration energy $h \,/\, t_{(n,m)}$ and wavelength λ_{Mx} Thus (30) is the basic equation for understanding the gravitational as a time-related force. Based on (30), we will now examine what kind of boundary conditions could be decisive for originating biological rhythms.

Evidently, the particular configuration in (30) requires the mass M_x to be in a wavelike state. The question arises whether the wavelike state of M_x is allowed for every mass size or whether limiting conditions restrict these sizes. To discuss this we take a drop of water for M_x as an example. An extremely interesting finding can be made considering the ansatz:

1) The (average) number of water molecules, forming a cluster, is put identical with the number of state characteristic of the earth's movement, namely $n = 1.013\times10^8$.

2) This number of water molecules in the cluster changes with the course of time as $(n + m)$, where m is the same as m in (21) and (22).

When M_x is complying these conditions, then the gravitational force (30) can be expressed in a new manner:

$$F_{(n,m),\lambda} = \frac{h}{\lambda_{(n,m)}\, t_{(n,m)}} \equiv \frac{h}{\lambda_1 \sqrt{n^*}\, \tau_G} = F_{ST,n} = const. \quad , \qquad (32)$$

where

$$\lambda_{(n,m)} = \frac{h}{(n+m)\, M_{H_2O}\, \upsilon_n} \qquad (33)$$

is the *de Broglie* wave of $(n + m)$ water molecules, and

$$\lambda_1 = \frac{h}{M_{H_2O}\, \upsilon_n} \qquad (34)$$

represents the *de Broglie* wave of a single molecule. $t_{(n,m)}$ is taken from (22).

The difference between $F_{(n,m),\lambda}$ in (30) and $F_{(n,m),\lambda}$ in (32) is the following:

1) In (30) force, appliesd on M_x of any size, varies as the number m does; the mass M_x here is included into the mass of the earth M_{Earth} for the case of sun-earth interaction.
2) In (32) force, applied on M_x, is constant, i.e. atemporal, whereas the mass M_x must change successively as the number m does; the mass M_x here is excluded from M_{Earth} realizing an *atemporal* state of mass within the sun-earth interaction area.

The differences are of fundamental importance and therefore should be further elucidated.

The immediate question arising is to what extent these $(n + m)$ water molecules can build an isolated, macroscopic cluster whose number changes with m and that can nevertheless remain separate from nearby water molecules. The existence of such a singular state formulated in (32) appears to be the result of the interaction between the $\lambda_{(n,m)}$ wave and the duration $t_{(n,m)}$, which we can also regard as a wave. The consequence of this interaction is that $F_{(n,m),\lambda}$ can be equated to a force formula $F_{S\text{-}T,n}$ that is given solely by the duration energy quantum $h/(n^*)^{1/2}\tau_G$ and the *de Broglie* wave of a single water molecule λ_1. This fact indicates that the water molecule group $M_x = M_{(n,m)} = (n + m)M_{H2O}$ should be regarded as a coherent particle group. Consequently, the equation

$$\lambda_{(n,m)}\, t_{(n,m)} = \lambda_1 \sqrt{n^*}\, \tau_G \tag{35}$$

is to be considered a boundary condition for the origin of a coherent state of $(n + m)$ molecules.

As (32) reveals, neither the duration t_n or $t_{(n,m)}$ nor the number of molecules is significant in the force $F_{S\text{-}T,n}$. This means that this singular force $F_{S\text{-}T,n}$ represents *a stable, temporally and spatially undisturbed mass-time coupling*. We can thus postulate that $F_{S\text{-}T,n}$ signifies a surmounting of the classic notion of space-time. For this reason, we use the index $_{(S\text{-}T)}$ for it.

Hypothetically, we can assume that by equating $F_{(n,m),\lambda}$ with $F_{(S\text{-}T),n}$ in (32) a dynamic coming from $t_{(n,m)}$ will be transferred to the coherent molecular group $M_x = M_{(n,m)} = (n + m)M_{H2O}$. This means that, according to (32) and (35), a regularly ordered increase or decrease in the coherent molecular number $(n + m)$ by one molecule must take place at the same time as changes in m and that this change always occurs after a period of time determined by (24), which amounts to approximately 2.9 seconds. This measure of time, i.e. 2.9 seconds, can thus be seen as a *physical transformation of gravitational force into a biorhythmic dynamic*. In other words, the temporally changing number of molecules in the coherent molecular group thus becomes a ***macroscopic mechanical clock***.

The fundamental prerequisite for this model was that the considered $(n + m)$ water molecules can form an independent, coherent unit. It is interesting that analogous conditions occur in the Quantum Hall effect (QHE), which is also a macroscopic quantum effect and is independent of spatial parameters [26, 28]. Analogous to the function of water molecules in the gravitational effect, it is the function of electrons in the QHE to work as a localizing, binding element between the wavelike gate field and the magnetic field. The occurrence of this interaction between the gate field and the magnetic field is determined by the electron number n, which similarly has an order of magnitude of approximately $n = 10^8$ in the usual measurement samples. What is important about this effect is that, similar to the gravitational effect, a variability of n is allowed. In QHE measurements, this allowed variability of the gate field or the magnetic field will be seen in the measurement results in the form of a distinct constant plateau. In this plateau state, the electrons form a coherent wave unit of macroscopic size.

The comparison of these two effects reveals an analogy between the effectiveness of the time-free gate field, on the one hand, and that of the *de Broglie* mass wave, on the other, furthermore between the time-related magnetic field, on the one hand, and the duration wave characterized by $t_{(n,m)}$, on the other, as well as between the number of electrons, on the one hand, and the number of molecules, on the other, where both the electrons and the molecules can be understood as being binding location indicators for the two types of waves. On the basis of this comparison and in the framework of these analogies, we can thus postulate that the quantum number i $(i = 1, 2, 3, ...)$ of the QHE corresponds to a possible multiplicative number of $i \times n$ water molecules and that the plateau in the QHE reflects the eccentricity in the elliptical movement of the Earth around the sun.

The fact that the coherent mass unit $M_{(n,m)}$ can be seen as a unit independent of the Earth's center means that we can understand this unit as a time-related, i.e. "living" basic unit, since it is the only structure to have incorporated into itself time as duration. In this connection, it is important to note that the spatial diameter of approximately $n = 10^8$ water molecules is $0.2\ \mu$. This corresponds to the diameter of the *smallest living cells*, for example a bacteria cell [15]. *This fact can be seen as the first piece of evidence for the plausibility of the model of a gravitationally determined biological clock.* It should be emphasized that, with this model, the type, the structure and the mass of the coherent particles is not important; what is significant is the number $(n + m)$ [or $i\,(n + m)$, see Part II] of similar particles that, on account of their similarity, can form a coherent state. This fact underlines the fundamental role that numbers play in the structure of being and is seen in, for example, the Quantum Hall effect [26, 28] and the harmonic structure of music [36].

Based on this analysis, we can conclusively express the assumption that even biological rhythms in organic structures appear to be determined by the effect of gravitation, in particular of solar gravitation.

9. The limitation of π

Some comments will be given on the background of the 2π relation between the cyclical period T_n and the effective time t_n , see Chapter 3.

The identical interpretation of the distances observed by means of the gravitational interaction, R_G , or by means of the electromagnetic, light related interaction, R_{el} , is not self-evident. Both, the gravitational R_G as well as the electromagnetic, i.e. light related distances R_{el} , are causally related to time: R_G is connected with t_n on the basis of the gravitational force, see equations (5), (8) and (15), whereas R_{el} is simply related to time by means of the velocity of light c . It should be noted that the gravitational time t_n given in equation (14) refers directly to the electromagnetic time by means of c, as shown by the definition of the gravitational reference time τ_G in equation (9). Thus there is a causal relation between R_G and R_{el}, caused by time, which is the link between R_G and R_{el} .

This connection between R_G and R_{el} includes a problem: R_G and R_{el} are observable, i.e. localized quantities, whereas time in both cases is related to waves, i.e. it is not localized. It should be emphasized that this basic problem can be solved by a basic principle, the so called “order”. Order is an observable phenomenon, thus it must be a characteristic of the *observable* time. The effective time becomes observable by the application of the number 2π , resulting in the ordered cyclical period T_n . Similarly – and this is of great importance – the application of 2π upon the light related, i.e. electromagnetic distance R_{el} yields the maximally attainable "order" in 3-dimensional space. This fact demonstrates that the number π is a representative number of "order".

Summarizing we can conclude that the interconnection between the gravitational distance R_n and the electromagnetic, i.e. light related distance R_{el} is realized by means of the basic principle "order", which in turn is represented by π . This hypothesis elucidates the unexpected fact deduced from the law of the pendulum movement and *Kepler´s* third law that the observable time T_n is given by the effective time t_n multiplied by the *same* number 2π as used for the description of the circle, which is the symbol of highest order in 3-dimensional space.

The smoothness of the cyclical path seems to be of different quality. It should depend on the number of localizations during one cycle. It is evident that, in accordance with the definition of R_n and t_n shown in equations (2) and (14), the number of localizations is given by n . Thus this analysis further suggests that – in the given gravitational n-space area – a limitation should appear in the accuracy of π and consequently also in the magnitude of the above mentioned identity between the meaning of R_G and R_{el} , represented by n .

10. Summary

Psychophysical phenomena related to time recognition have been analyzed to demonstrate a possible interaction between gravity, time and life. In this connection, it is of fundamental importance that there is a general temporal threshold of 30 milliseconds, when human beings perceive their environment by sight, sound or touch. In order to explain this limiting threshold, which has been observed in experiments for determining the temporal sequence of events, we developed a quantized model of gravitation.

The starting point of the analysis was the quantized representation of gravitational force. The plausibility of this model was documented by the derivation of the classical gravitational equation. The problems that arose in explaining the quantized gravitational field equation were resolved by postulating an uncertainty of duration.

The quantized gravitational model was applied to *Kepler's* second law. This made it possible to give the effective duration that reflects the period of the planets in quantized form. The results indicated the existence of a duration quantum. Thereupon we were able to show that the most important reason for the appearance of the perceptional order threshold must be thought in the existence of this duration quantum. The value of this duration quantum is dependent on the mass of the gravitational center and on the length of the semimajor axis of the elliptical orbit of the planet. Considering the sun to be the gravitational center and the Earth to be the moving planet, we calculated a value of approximately 50 ms for the duration quantum and about 25 ms for the uncertainty of duration. This time uncertainty value, which can also be seen as a limit of time scale under which *atemporality* prevails, closely corresponds to the psychophysically observed order threshold of approximately 30 milliseconds and, as such, can be seen as confirmation of the proposed model.

The analysis of what is known as the 3-second effect proved to be extremely significant for the assessment of the proposed gravitational model. This effect is based on a disturbance-free integration mechanism in the brain that lasts approximately three seconds. It was shown that the duration of this time window was in complete agreement with the calculated value of approximately 2.9 seconds for the undisturbed time between two quantum transitions in the dynamic of the Earth's movement.

It was shown in the concluding discussion that the existence of a duration quantum also allows us to develop an explanatory model for biological rhythms. As the analysis showed, the appearance in cells of a biological rhythm indicator can be explained by a time-related force whose origin may also be found in solar gravitation. The transformation of gravitational force into this time-related rhythmic force requires, however, the presence of an independent, coherent molecular unit. Based on the model presented here, the formation of this coherent unit is linked to a specific number of similar molecules, such as water molecules. This number is dependent on the elliptical movement of the Earth around the sun and therefore reaches an order of magnitude of 10^8. According to the model, this number must change by one molecule approximately every 2.9 seconds, so that the coherence of the molecular unit can be maintained. For this reason, it is assumed that this change in the number of coherent molecules every 2.9 seconds could be *the* ***biorhythmic clock*** *that has been sought*. The singular boundary conditions for the appearance of this rhythmic process were interpreted as being fundamental boundary conditions for the development of organic cells that, in terms of gravitation, can thus develop as an independent unit separate from the gravitational center of the Earth.

In summary, we can thus postulate that gravitation appears to be the mechanism that gives rise to the knowledge about the existence of the category "time" and likely determines the occurrence of biological rhythms in organic structures.

A confirmation of the proposed model can be obtained by the above-mentioned psychophysical time-limit investigation on the planets. The application of equations (23) and (26) to conditions on Mars yields a threshold of time order of $\Delta t_{n,Mars} = 30$ ms . Therefore we should not expect changes in this phenomenon in comparison to conditions on Earth. However the situation is completely different when we calculate the threshold value for the integration mechanism on Mars. Instead of 2.9 seconds calculated for the Earth, we arrive at a threshold of approximately 0.65 seconds with the help of equation (24). This is 4.4 times shorter. We can thus assume that both on Mars and during the voyage to it changes of bodily functions could take place, perhaps together with an increased disturbance in the ability of humans to concentrate.

Further confirmation of the time transmission model discussed here yields the generally observed influence of the moon phases on the plants and living being on the Earth. The analysis of this process is presented in Part II of this contribution.

Acknowledgements: The author would like to express his gratitude to *M. Wittmann* for many valuable discussions and for his numerous comments on recent psychophysical findings. He would also like to thank *I. Eisele*, *F. Wittmann* for their critical comments on this subject.

References

[1] P. Davies, *The Fifth Miracle*, Penguin, London, 1998.

[2] P. C. W. Davies, J. R. Brown, *The Mind in the Atom*, Cambridge University Press, Cambridge, 1986.

[3] I. Hirsh, C. Sherrick, Preceived order in different sense modalities. J. Exp. Psychol. 62, (1961) 423.

[4] E. Pöppel, A hierarchical model of temporal perception. Trends Cogn. Sci. 1, (1997) 56.

[5] E. Pöppel, The brain´s way to create "nowness", in: H. Atmanspacher and E. Ruhnau (Ed.) *Time, Temporality, Now*, Springer, Berlin, 1997, p. 107.

[6] E. Pöppel, M. Wittmann, Time in he mind, in: R.A. Wilson and F.C. Keil (Ed.) The MIT Encyclopedia of the Cognitive Sciences, The MIT Press, Cambridge, 1999, p. 836.

[7] M. Wittmann, Time perception and temporal processing levels of the brain, Chronobiology International 16, (1999) 17.

[8] E. Pöppel, D. v. Cramon, H. Backmund,: Eccentricity-specific dissociation of visual functions in patients with lesions of the central visual pathways. Nature 256, (1975) 489.

[9] R. Pastore and S. Farrington, Measuring the difference limen for identification of order of onset for complex auditory stimuli. Percep. Psychophys. 58, (1996) 510.

[10] N. v. Steinbüchel, M.Wittmann, E. Pöppel E, Timing in perceptual and motor tasks after disturbances of the brain. In: *Time, internal clocks and movement*. Pastor MA, Artieda J, eds.; Amsterdam: Elsevier Science 1996, p.281.

[11] E. Ruhnau and E. Pöppel, Adirectional temporal zones in quantum physics and brain physiology. Int. J. Theor. Phys. 30, (1991) 1083.

[12] E. Ruhnau, The deconstruction of time and the emergence of temporality. In Atmanspacher H./Ruhnau E., editors: *Time, Temporality, Now*. Springer, Berlin 1997, p. 53.

[13] W. Singer W, Synchronisation of cortical activity and its putative role in information processing and learning. Annual Rev. Physiol. 55 (1993) 349.

[14] E. Pöppel E, Temporal mechanisms in perception. Int. Rev. Neurobiol. 37, (1994) 185.

[15] Brockhaus: Enzyklopädie. Mannheim. 19. Auflage; *Erde*. 1988; Vol. 6: 493; *Sonne*. 1993; Vol. 20: 461; *Zeit*. 1994; Vol. 24: 473-474; *Zelle*. 1994; Vol. 24: 489.

[16] E. R. Horn, Neurowissenschaftliche Forschung unter Schwerelosigkeit, in: Lexikon der Neurowissenschaft, Spektrum Akademischer Verlag, Heidelberg, 2001.

[17] A. Semjen, G. Leone, M. Lipshits, Temporal control and motor control. Human Movement Science 17, (1998) 77.

[18] P. Fraisse, Perception and estimation of time. Annual Rev. Psychol. 35, (1984) 1.

[19] M. Schleidt, I. Eibl-Eibesfeldt, E. Pöppel, A universal constant in temporal segmentation of human short-term behaviour. Naturwissenschaften 74, (1987) 289.

[20] M. Schleidt and J. Kien, Segmentation in behavior and what it can tell us about brain function. Hum. Nature 8, (1997) 77.

[21] E. Szelag, N. v. Steinbüchel, M. Reiser, E. de Langen, E. Pöppel, Temporal constraints in processing of nonverbal rhythmic patterns. Acta Neurobiol. Exp. 56, (1996) 215.

[22] G. Dorda, Piezoresistance in quantized conduction bands in silicon inversion layers. J.Appl.Phys. 42, (1971) 2053.

[23] G. Dorda, Surface Quantization in Semiconductors. In: *Advances in Solid State Physics 13*; Queisser H.J., ed., Pergamon, Oxford 1973, pp. 215-239.

[24] G. Dorda, I. Eisele, H. Gesch, Many-valley interactions in n-type silicon inversion layers. Phys.Rev.B 17, (1978) 1785.

[25] G. Dorda, Quantum effets in semiconductor components. Physica B 151, (1988) 273.

[26] K. v. Klitzing, G. Dorda, M. Pepper, New method for high-accuracy determination of fine-structure constant based on quantized Hall resistance. Phys.Rev.Lett. 45, (1980) 494.

[27] R.B. Laughlin, Anomalous quantum Hall-effect: An incompressible quantum fluid with fractional charged excitations. Phys.Rev.Lett. 50, (1983) 1395.

[28] R.E. Prange and S.M. Girvin, *The Quantum Hall Effect*. Springer; Berlin, London, New York, Tokyo, 1987.

[29] D.C. Tsui, H.L. Störmer, A.C. Gossard, Two-dimensional magnetotransport in the extreme quantum limit. Phys.Rev.Lett. 48, (1982) 1559.

[30] Ch. Kittel, W.D. Knight, M.A. Ruderman, *Mechanics*. Berkeley Physics Course, Vol. 1., McGraw-Hill, New York 1965, p. 302

[31] L. Kostro, De Broglie waves and natural units. In: *Waves and Particles in Light and Matter*, Van der Merwe A., Garuccio A., eds.; Plenum Press, New York 1994, p. 345.
[32] V. Kose und W. Bögner, Neuere empfohlene Werte von Fundamentalkonstanten. Phys. Bl. 43, (1987) 397.
[33] G. Dorda, Quantization Aspects of Sound and Time. In: Schriften der Sudetendeutschen Akademie der Wissenschaften und Künste, Band 22, München 2001, S. 69-96.
[34] H. Vogel H, Planetenbahnen. In: *Gerthsen Physik.* 19. Auflage, Springer, Berlin 1997, S. 52-54.
[35] G.E. Gerstner and V.A. Fazio, Evidence of a universal perceptual unit in mammals. Ethology 101, (1995) 89.
[36] J.G. Roederer, *The Physics and Psychophysics of Music. An Introduction.* Third Edition; Springer, New York, Berlin, 1995; paragraph 5.2.

Sun, Earth, Moon - the Influence of Gravity on the Development of Organic Structures

Part II) The Influence of the Moon

Abstract of Appendix B, Part II

A quantized gravitational model was developed to describe the effect of the moon on organic structures on the surface of the Earth. Emphasis is placed on the fundamental significance of *Kepler's* second and third laws in describing this effect. The dualistic wave-particle character of gravitation is demonstrated, and time-related aspects are ascribed to its wave character. The dynamic gravitational "effect" of lunar-day rhythms and lunar-phase rhythms is analyzed in detail, and as a result the conditions are described for the origin of mechanical zeitgebers (time generators) in organic cells in the form of coherent H_20 clusters. The plausibility of this model is verified by known experimental data. The gravitational boundary conditions for the growth of organic structures are explained. Remarks are made regarding difficulties in manned space travel.

1. Introduction

In recent years, scientific studies have increasingly confirmed the age-old assumption common to all human cultures that the moon appears to exert a certain influence over organisms. Systematic studies on a number of plants and animals have confirmed in fact that there could be a connection between plant growth and animal behavior, on the one hand, and moon-related rhythms, i.e. tidal rhythms and lunar-phase rhythms, on the other [1 - 6]. Recent findings about these phenomena have been compiled in the informative summary articles by *Naylor* [7] and *Schad* [8]. What is more, in the absence of daylight, humans develop a daily rhythm of approximately 25 and not 24 hours, which also indicates the influence of lunar-day rhythms on the physiology of humans [9]. Moreover, a correlation between the cardiovascular morbidity of humans and lunar-phase rhythms has been observed [10].

It is interesting to note that a theory has yet to be found that convincingly accounts for these empirical findings. Some scientists pointed out the gravitational influence of the moon on water in the cells of organisms, but this model failed to be persuasive owing to the weakness of the gravitational forces at hand in comparison to electromagnetic forces. It was then assumed that the Earth's magnetic field, which varies synchronously with lunar-day rhythms, could trigger the phenomena observed in organisms [11, 12]. But here as well, the effect is too weak.

A new model for describing the influence of the moon on organisms will be presented. It is based on a quantized description of gravitation. As described in Part I of this contribution, this model allows time-related phenomena in the psychophysiology of humans – the 30 ms order threshold of our senses and the 3 s integration mechanism of our brains [13, 14] – to be linked to the influence of solar gravitation (see Part I). This connection between psychophysical phenomena in humans and the influence of solar gravitation is the reason why we have attempted to use an analogous method to describe the observed effects of the moon.

The success of this method is based above all on the quantized description of time. In this context, it was particularly important that the quantized time model offered an approach for formulating a new collective mass state. As was shown, an important characteristic of this singularly occurring collective mass state is the coherence between similar mass particles. One of the peculiarities of this mass state is the temporally ordered increase and decrease in similar mass particles caused by changes in solar gravitation. The study in question proposed equating the observed mass particles with water molecules, thus making it plausible to interpret the gravitationally caused, temporally ordered increase and decrease in H_2O molecules in coherent mass objects as mechanical zeitgebers (generators of time) in organisms.

The objective of this paper is to show that this quantized gravitational model is a good basis for describing and interpreting the assumed effect of lunar gravitation on plants, animals and humans. The following is a detailed analysis of the gravitational interaction between the moon and the Earth. The main objective of this analysis lies in determining not only the number of water molecules that, influenced by lunar gravitation, are necessary to build a coherent state but also how many molecules must be added or subtracted so that – in synchronization with lunar rhythms – the coherent mass state can be maintained. These data will be compared to growth rhythms identified in young trees by *Cantiani* et al. [2], see also *Zürcher* et al. [5].

2. The dual character of gravitation

The effect of a gravitational field on a mass M_x can be clearly described using two of the four parameters M_y, $R_{x,y}$, υ_x, and t_x. Here M_y is the mass center, $R_{x,y}$ is the distance between the mass center M_y and the mass M_x, the "absorption center" of gravitation, υ_x is the mean velocity of the mass M_x, and $t_x = T_x/2\pi$ is the effective orbital time of M_x, with T_x representing the value of the observed orbital time of M_x around the mass center M_y. The use of the parameter M_y with $R_{x,y}$ can be seen as a purely static description of gravitational effect. By contrast, the combination of υ_x with t_x is a purely dynamic formulation of a gravitational field. This means that $M_y - R_{x,y}$ shows the mechanical effect of gravitation, while $\upsilon_x - t_x$ indicates the "time" as a fundamental quantity. In any case, it is a known fact that the effect of gravitation, which is conveyed to the mass M_x in the form of v_x and t_x, reveals itself as time or duration in cyclically repeating constellations.

The two descriptions, $M_y - R_{x,y}$ on the one hand and $\upsilon_x - t_x$ on the other, are complementary. They can thus be seen as dualistic designs of the same entity, with $M_y - R_{x,y}$ as the particle-related and $\upsilon_x - t_x$ as the wave-related representation of gravitation. The hypothesis of describing time as a wave is justified in this respect, since the effective orbital time t_x can be given with respect to *Planck's* constant h (see Part I and equations (11)-(14) in the following). In this dual representation of gravity, an important role is played by the assumption that the inert and the heavy mass can be assumed to be identical. All of these facts suggest that the heavy mass represents the particle aspect while the inert mass represents its wave character. As will be shown in the following chapters, the possibility of regarding the mass M_x as a wave is also of great importance for gravitational considerations.

3. The length-time coupling number *n*

In order to evaluate the gravitational influence of the moon on the Earth, we must take into consideration several facts. The moon travels not only cyclically around the Earth but also together with the Earth around the sun. What we thus have here is not a two-body but a three-body system. We must also take into consideration that the fundamental velocity of the Earth is determined – according to $M_M \ll M_E$ – not by the moon but rather by the resting gravitational center, i.e. the sun. We are thus justified in speaking about a fundamental movement that comprises the basic dynamics of the sun-Earth-moon system. This fundamental movement is the mean orbital velocity of the Earth and the moon around the sun υ_n at $n \gg 1$, i.e. at $n^* \cong n$, defined by (see equation (18) in Part I)

$$\upsilon_n = \frac{c}{\sqrt{n}} \quad . \tag{1}$$

Here c is the velocity of light, and n – according to our model – is a number that characterizes the basic state of the system, in our case of the Earth and thus of the moon. The number n is the result of the quantized representation of the gravitational interaction between celestial bodies; it is given by $n = c^2R_{x,y}/GM_y$, where G is the gravitational constant (see Part I). n is thus a natural number, a quantum number, but is extremely large in magnitude on account of the large distances. As a result of the enormous magnitude of n, we are justified, as an approximation, in speaking about a space-time continuum.

Three important circumstances should be mentioned when analyzing the earth-moon system.

1) Equation (1) indicates that the orbital velocity υ_n refers solely to c. This fact suggests the idea that the variable υ_n is to be considered a space-time coupling ratio in topological terms referring to M_x, an idea that seems to be valid in general.

2) The possibility of being able to describe the effect of the gravitational field using the (υ_n , t_x) combination shows us that t_x, i.e. time, is the only free parameter when analyzing a system with $n =$ const. . It will be shown in the next Chapter, that the quantum number n in our earth-moon system is in fact a constant, describing the basic dynamic state of the whole system. It has the value $n = 1.013\times10^8$ (see Part I) and can be calculated, for example, from the mean orbital velocity of the Earth around the sun $\upsilon_{n,E} = 2.977\times10^4$ m/s.

3) For the case $n =$ const. a linear distance-time coupling is guaranteed for the system considered (Part I).

4. The coherent mass unit caused by the moon

In order to show the effect of the moon as a mechanical generator of time, we must identify the size of the mass that can constitute a coherent state. Analogous to the procedure applied to the analysis of the sun-earth interaction, we will attempt to determine this size using the dynamic form of the moon-Earth force equation.

The gravitational force between the moon and the Earth $F_{M,E}$ is given by

$$F_{M,E} = M_E\, G \frac{M_M}{R^2_{M,E}} , \qquad (2)$$

where $M_E = 5.974\times10^{24}$ kg is the mass of the Earth, $M_M = 7.350\times10^{22}$ kg is the mass of the moon, $R_{M,E} = 3.84403\times10^8$ m is the mean distance between the moon and the Earth, and $G = 6.6725\times10^{-11}$ m^{3}s^{-2}kg^{-1} is the gravitational constant [15, 16]. (2) describes the static effect of the gravitational field on the mass M_E. It can only be transformed into a dynamic form when $M_E << M_y$ is taken into consideration, with M_y as the gravitational center. We have, however, $M_E >> M_M$. For this reason, (2) must be reformulated so that, with the same size of $F_{M,E}$, the mass inequality is turned around. The ratio between the mean sun-Earth force $F_{S,E}$ and the mean moon-Earth force $F_{M,E}$ is helpful. It is given by

$$\frac{F_{S,E}}{F_{M,E}} = \frac{M_S\, R^2_{M,E}}{M_M\, R^2_{S,E}} = b \quad , \tag{3}$$

where $M_S = 1.989\times10^{30}$ kg is the mass of the sun and $R_{S,E} = 1.496\times10^{11}$ m is the mean distance between the sun and the earth [15]. Applying (3) on (2), equation (2) is given a new time-independent form

$$F_{M,E} = M_E \frac{G}{b} \frac{M_S}{R^2_{S,E}} \quad . \tag{4}$$

Evidently, here we have $M_E << M_S$, i.e. the gravitational field characterized by M_S and $R_{S,E}$ can be expressed by the two time-related parameters, i.e. by the orbital velocity $\upsilon_{n,E}$, the space-time coupling ratio of our system, and by the effective orbital time t_E of the earth. However it should be emphasized that the transformation of (2) to (4) is achieved at the cost of the introduction of a dimensionless factor b taking care of the sun being the real gravitational center of our system.

It is now easy to formulate the dynamic, moon-related equation, applying (4) another transformation

$$F_{M,E} = M_E \frac{G}{b} \frac{M_S}{R^2_{S,E}} = M_E \frac{1}{b} \frac{\upsilon_{n,E}}{t_E} = M_E \frac{1}{a\,b} \frac{\upsilon_{n,E}}{t_M} \quad , \tag{5}$$

i. e. by using the modification factor a, defined by the ratio

$$a = \frac{2\pi\, t_E}{2\pi\, t_M} \quad , \tag{6}$$

being the ratio of the earth-sun orbital time $2\pi t_E$ to the moon-earth related cyclical times, namely the lunar-day cycle $2\pi t_{M,1}$ or the lunar-phase cycle $2\pi t_{M,2}$, the synodic time. As (5) demonstrates, the desired dynamic formulation of the moon-related gravitational force is achieved via the dimensionless factor $1/ab$.

Equation (5) is a formulation of the mean force. Since in our case n can be seen as a constant, describing the state of the earth-moon system with respect to the sun, we can thus assume a linear length-time coupling (see Chapter 3). Thus, in analogy to the time-dependent description of the earth-sun system in Part I, Chapter 8, we may apply the conservation of both angular momentum and energy to the moon-earth related cyclical processes. The temporally variable force formulation $F_{M,E,(n,m)}$ of our system can therefore be described as

$$F_{M,E,(n,m)} = M_E \frac{1}{ab} \frac{\upsilon_{n,E}}{t_{M,(n,m)}} \quad . \tag{7}$$

Instead of t_M , we have here introduced the variable time $t_{M,(n,m)}$, which is caused by the eccentric movement of the moon and which refers to the location (n,m) . As is shown in Part I, equation (22), it is at $n >> 1$ defined by

$$t_{M,(n,m)} = (n \pm m)\sqrt{n}\ \tau_M \quad , \tag{8}$$

where m is a dynamically variable quantum number that reflects the eccentricity and that makes duration experienceable. τ_M is the reference time referring to the moon and is given by

$$\tau_M = \frac{G}{c^3} \frac{M_S}{a} \quad . \tag{9}$$

Using this reference time, we can easily calculate the duration quantum defined by $(n)^{1/2}\tau_M$ (see Part I).

Equation (7) clearly shows that the gravitational field of the moon applied to the mass M_E can be expressed by means of the time-related parameters $\upsilon_{n,E}$ and $t_{M,(n,m)}$, using the factor $1/ab$ in addition. As will be come evident, it is advantageous to consider for M_E in (7) the partial mass $M_{x,E}$, defined by

$$M_{x,E} = n_M\,(n \pm m)\,M_x \quad , \tag{10}$$

we receive for $F_{M,E,(n,m)}$ a new singular form $F_{(n,m),\lambda}$, given by

$$F_{(n,m),\lambda} = \frac{M_{x,E}\,\upsilon_{n,E}}{ab\ t_{M,(n,m)}} \cong \frac{h}{n_M\,\lambda_{(n,m)}\,t_{M,(n,m)}} = \frac{h}{\lambda_1 \sqrt{n}\,\tau_M} \quad . \tag{11}$$

Here was introduced

$$\lambda_{(n,m)} = \frac{h}{M_{x,E}\,\upsilon_{n,E}} \quad , \tag{12}$$

the *de Broglie* wave of the mass $M_{x,E}$, and

$$\lambda_1 = \frac{h}{M_x\, \upsilon_{n,E}} \quad , \tag{13}$$

the *de Broglie* wave of the mass particle M_x , h is *Planck's* constant and n_M a natural number, i.e. a quantum number, given approximately by $n_M \approx (a\, b)$. As will be shown in the following chapters, this approximation limits to some extend the accuracy of the calculation of the number of coherent mass particles.

By applying the wave-like representation of the masses $M_{x,E}$ and M_x , we are able to change the force equation (11) into a time-independent form by way of the equation

$$n_M\, \lambda_{(n,m)}\, t_{(n,m)} = \lambda_1 \sqrt{n}\, \tau_M \quad . \tag{14}$$

The quantum number m appearing in (7) and (8) reflects the positive series m = 1, 2, 3, ... and the negative series m = -1, -2, -3, ... In absolute terms, these series are limited by the maximum number m_{max} , given by (see Part I)

$$m_{\max} = \frac{\Delta R}{R_{M,E}}\, n \quad , \tag{15}$$

where ΔR is the maximum variation of distance of the moon with respect to the earth. With m_{max} we can calculate the average frequency of the quantum leaps f_{leap}. It is defined by

$$f_{leap} = \frac{m_{\max}}{t_M} \quad . \tag{16}$$

Equations (2) – (13), and above all equation (14), indicate that the mass $M_{x,E}$, which according to (10) consists of $n_M(n \pm m)$ similar mass particles M_x , is the sought after mass that can create a new collective state, for example under the influence of the moon. Given the findings related to the Quantum Hall Effect about a macroscopic coherent state of 10^7 and more electrons [17, 18], we may assume that this new collective state is characterized by a similar manner of coherence between the mass particles. It is true that what we have here are not either charged electrons or an external magnetic field, but we can assume analogously that the external gravitational field can realize a singular state characterized by coherence between similar mass particles, see Chapter 8 in Part I. In fact, equation (14) defines a new mass state. It is characterized by the transformation of a mass wave that represents a multitude of separable mass particles into a mass wave that corresponds to a single mass particle. As (14) shows, this transformation is caused by the interweaving of the mass wave with the time wave. *We can thus interpret (14) as an equation that formulates the creation of a collective, coherent mass state.*

Similar particles, whose number can be changed by the influence of the changing gravitational field, cannot be charged particles. It thus appears plausible, with respect to its abundance in living systems, to take the mass M_{H2O} instead of M_x , i.e. beginning with equation (12) M_{H2O} could replace M_x everywhere.

Equations (11) and (14), finally, tells us that the assumed collective, coherent state can only be maintained when each quantum leap $\Delta m = +1$ or $\Delta m = -1$ involves an increase or decrease of n_M similar mass particles, i.e. of water molecules, in order to maintain this specific state. The resulting rhythm can be understood as a mechanical zeitgeber, e.g. within a cell. This analysis allows us to conclude that the interaction not only between the sun and the Earth, as was shown in Part I, but also between the moon and the Earth can result in the origin of distinct rhythmic generators, i.e. of an internal clock, in organic structures.

5. The two moon-related rhythm generators

Having established the coherent water molecule clusters $M_{x,E}$, we must distinguish two perceptible cycles of lunar influence at the earth's surface: the lunar-day cycle $2\pi\, t_{M,1}$ and the lunar-phase cycle $2\pi\, t_{M,2}$. Therefore, two different types of zeitgebers may come to exist.

5a. The lunar-day rhythm generator

As we assumed, the water molecule unit $M_{x,E}$ is found on the Earth's surface. For this reason, our dynamic analysis of the gravitational effect of the moon must take into consideration the effect of the cyclical rotation of the Earth. The rotation of the Earth results in a variation of the $M_{x,E} - M_M$ distance, which is observable as the lunar-day rhythm $2\pi\, t_{M,1} = 24.81$ h . The ratio of the effective cyclical lunar-day rhythm $t_{M,1} = 1.422\times10^4$ s to the effective sun-Earth rhythm, denoted by $t_E = 5.023\times10^6$ s , yields $a_1 = 353.29$. We thus arrive at the value $(a_1\ b) \approx\ n_{M,1} = 6313$ for the number of H_2O molecules that change each quantum leap. The value $b = 179$ given by (3) was calculated using known sun and moon data [15]. In order to determine the maximum number m_{max} in (15), we must take into consideration for ΔR the effective Earth radius with respect to the place of observation or perception; this is dependent on latitude and the inclination of the Earth's axis. We may therefore write

$$m_{\max,1} = \frac{r_E \sin(90° - \alpha) \cos\beta}{R_{M,E}} n \quad . \tag{17}$$

Here $r_E = 6.378\times10^6$ m is the equator radius of the Earth, α is the latitude and $\beta = 23°26'$ is the inclination of the equator to the plane of the orbit [15].

(16) shows that we arrive at the quantum leap frequency f_{leap} using $m_{max,1}$ and taking into consideration the effective lunar-day cycle $t_{M,1}$. For our latitude ($\alpha = 48°$), $m_{max,1} = 1.032\times10^6$, so that $f_{leap,1} = 72.6$ Hz .

Based on (10), we can use (16) and (17) to calculate the number of molecules ΔN_1 that have increased each lunar half day and decreased every other half day. It is given by

$$\Delta N_1 = \pi \ n_{M,1} \ m_{\max,1} = 2.047\times10^{11} \quad . \tag{18}$$

According to (10), the average number of H_2O molecules in a coherent state is $N_1 = \pi \ n_{M,1} \ n = 1.01\times10^{13}$. It thus follows that the variation of this number is approximately 2 % per lunar day. The diameter of 1.00×10^{13} water molecules is approximately 8 µm; it thus corresponds to the size of a cell [15]. For the purpose of clarification, Fig.1a shows the number variations expanded to three lunar days. The variation remains unchanged and is thus a reversible process when coherence is maintained.

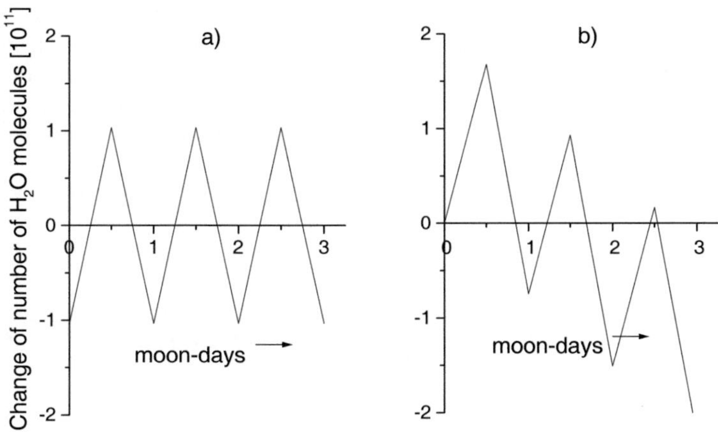

Fig. 1: *Change in number of H_2O molecules over a period of 3 lunar days. a) The variation refers to one H_2O-coherence area caused by the lunar-day rhythm. b) The variation refers to 29 H_2O-coherence areas that are caused by lunar-phase rhythms.*

5b. The lunar-phase rhythm generator

On the Earth's surface, we can observe a second moon-related cyclicity, which reflects the movement of the moon around the Earth. It is characterized by the effective synodic orbital time $t_{M,2} = T_M/2\pi = 4.061\times10^5$ s , where T_M is the observable orbital time of the moon around the Earth-sun constellation. For a in (6), we thus arrive at $a_2 = 12.37$. The increase and/or decrease of H_2O molecules per quantum leap is thus $(a_2\, b) \approx n_{M,2} = 2210$ molecules.

The fundamental average quantum leap frequency would, in this second case, be given by

$$f_{leap,2} = \frac{m_{\max,2}}{t_{M,2}} = \frac{\Delta R_{M,E}}{R_{M,E}} \frac{n}{t_{M,2}} \quad . \qquad (19)$$

where $\Delta R_{M,E}/R_{M,E}$ is the eccentricity of the moon's movement around the Earth. It is easy to see, however, that equation (19) is incomplete, since the fluctuating effect of the Earth's rotation must also be taken into consideration and thus $m_{max,2}$ cannot be determined solely by the eccentricity of the moon's movement. The rotation of the Earth causes – in the time rhythm of a day – both an increase and a decrease in the change of distance $\Delta R_{M,E}$ during the moon cycle; this change of distance must also be taken into consideration in (19). This lunar-day fluctuation is taken into account by formulating two different $m_{max,2,\pm}$. Since $n = konst$, the relationship between distance and time is linear in our observed case; for this reason, the distance fluctuation Δr_{rot} caused by the Earth's rotation must be added on to $\Delta R_{M,E}$. It is important to note that the maximum quantum number to be determined, $m_{max,2,\pm}$, refers to the lunar-phase cycle. For this reason, the effective Earth radius must be increased by a factor of $t_{M,2}/t_{M,1}$; only in that case (14) can be used to determine the particular frequency of quantum leaps. We thus write

$$m_{\max,2,\pm} = \frac{\Delta R_{M,E} \pm \Delta r_{rot}}{R_{M,E}}\, n = \frac{\Delta R_{M,E} \pm \dfrac{t_{M,2}}{t_{M,1}} \left[r_E \sin(90° - \alpha) \right] \cos\beta}{R_{M,E}}\, n \quad . \qquad (20)$$

Here, as in (17), r_E is the equator radius of the Earth, α is the latitude and β is the inclination of the Earth's axis; for $\alpha = 48°$ we thus arrive at a value of $\Delta r_{rot} = 1.12\times10^8$ m.

The eccentricity of the moon's movement around the Earth is given by $\Delta R_{M,E} = 2.5\times10^7$ m [15]. Since $\Delta r_{rot} > \Delta R_{M,E}$, it follows that there is an increase in the number of H_20 molecules in the first half lunar-day rhythm and a decrease in the second, although the latter is weaker on account of $\Delta R_{M,E}$. The average number of molecules $\Delta N_\pm$ increased or decreased each lunar half day varies in size on account of $m_{max,2,\pm}$; this is given by

$$\Delta N_{2,\pm} = \pi \frac{t_{M,1}}{t_{M,2}} n_{M,2} \; m_{\max,2,\pm} \quad . \tag{21}$$

Based on (21), we arrive at an H_2O increase $\Delta N_+ = 8.52\times10^9$ and decrease $\Delta N_- = 5.81\times10^9$. According to (10) the average number of H_20 molecules in a coherent state is $N_2 = 3.52\times10^{11}$. It follows that the variation in this number is approximately 2 % per lunar day. The diameter of 3.5×10^{11} water molecules is approximately 3 μm and thus corresponds to a small cell [15]. At our latitude, the average frequency of increase of the molecule number is approximately 86 Hz, while the average frequency of decrease is approximately 59 Hz. The change in the average frequency values caused by the eccentricity of the moon's orbit is ±6 % and thus is not a decisive factor in these calculations.

Increased by a factor of 29, the ΔN values related to the lunar-phase influence are shown in Fig.1b over a period of three lunar days. The background of this factor will be explained in the next chapter. Fig.2 shows the basic data with respect to the entire lunar-phase cycle. Like the lunar-day rhythm the synodic variation is also a reversible process.

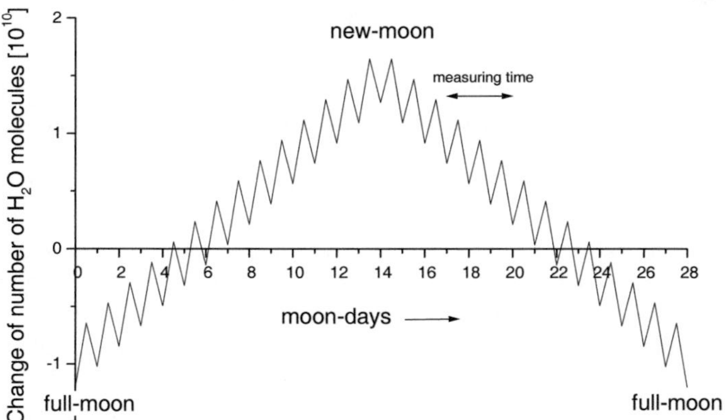

Fig. 2: *Change in the number of H_2O molecules over the period of an entire lunar-phase cycle. The variations refer to one H_2O-coherence area caused by the lunar phase.*

6. Discussion

The best experiments available to test our model are coming from the late professor *Cantiani* and his group [2]. He conducted an impressive series of experimentation, in open as well as in controlled environment, establishing the diurnal double peak variation of tree diameters. This variation is superimposed on normal growth. The effect is persisting through all seasons, even for lumbered and defoliated trunks. And the effect only dies on complete dehydration. Different illumination schemes were studied in controlled environment: In particular there is virtually no humidity exchange under complete darkness. Therefore these data are best suited to check for lunar influences. Like *Zürcher* [5, 6] we use selenotopic information for the place and time of experimentation to anchor start, peak and end of coherent droplet growth and arrive with a most satisfying semi-quantitative fit to the experimental data.

The new dynamic gravitational model presented here has, in comparison to the classic tide-related model, two important advantages. Firstly, *the direct gravitational effect described here is, in comparison to the tide model, stronger by a factor of* $R_{M,E}/r_{E,\ eff}$ [19], *i.e. by two orders of magnitude*. Secondly, on account of the role played by time, the dynamic model is independent of direction. The tide model, by contrast, is dependent on direction, since it is based on the spatial relationship between the moon and the considered part of the Earth's surface.

The model presented here has an additional advantage. By taking into account the interaction between areas related to lunar phases (LP) and areas related to lunar days (LD), it allows us to make statements that, together with experimental observations, can provide new insights. The measurements of growth fluctuations in young spruce trees (Picea abies) provide a good opportunity for such an analysis (see: *Cantiani* et al. [2] and *Zürcher* et al. [5]). These measurements are valuable because they were carried out at a constant temperature and in complete darkness; this means that, unlike the effect of the moon, the influence of ambient factors could be reduced to a minimum. These controlled environment results are marked in Fig.3 as crosses. The theoretical data shown by the solid and broken lines represent the respective starting, culminating and ending hours of the diameter swelling, reflecting the minimal and maximal earth-moon distances at the given lunar phase, see Fig.2. The presented linear slope of the respective increase or decrease in the number of H_2O molecules in between the fix hours reflecting the period 17-20 July 1988 is obtained by adaptation to the experimentally given variations of the diameter values. Despite of the used adaptation procedure, we see at first glance, the theoretically proposed description of this process is in agreement with the measured values in two essential aspects:

1) The slope of the experimental curves complies very well with the theoretically expected increase and decrease values of H_2O coherent droplet

size, and is not, as is shown in *Zürcher* et al. [5], inverse with respect to the course of the tides.

2) The experimental and the calculated data have peaks with linear slopes on both sides; by contrast, the calculated gravimetric course of lunar gravitation is wavelike.

Based on these facts, we will thus attempt to show that the coherence model developed here can provide a physically plausible interpretation of the findings presented in [2, 5]. The basic theses and ideas of our model, which are used to interpret phenomena, are as follows:

- Owing to the gravitational effect of the moon, the coherence formation of H_2O areas leads to a forced increase and then decrease of an exactly prescribed number of H_2O molecules that act, so to speak, as an internal clock, as an engine of the living organism. This engine is a consequence of maintaining coherence, which is independent of time (see equations (11) and (14)). Since coherence is independent of time, it is able to convert the gravitation, which is dependent on time, directly and mechanically into temporally perceptible, cluster-like formations. This increase and decrease in the number of molecules in such a cluster is determined, on the one hand, by the lunar-phase rhythm (LP rhythm) and, on the other, by the lunar-day rhythm (LD rhythm).
- As a consequence of both moon-related rhythms, two independent processes take place within one lunar day. As is shown in the data of the tree measurements, these processes can be expressed in the form of two maxima (and minima). The time between the maxima and between the minima must be dependent on the lunar phase.
- It is possible that these two coherence areas interact. The consequence of this interaction is that a reduction in the influx as well as the outflux amount (evaporation) of H_2O molecules can take place.
- Interaction is, for example, possible directly within a cell. This means that the influx and outflux of H_2O molecules in the cell must be dependent, among other things, on the quality and the permeability of the cell wall, as well as on the presence or absence of H_2O around the cell.
- A cell can act as a zeitgeber source. As, for example, the calculation of the LD rhythm generator in Chapter 5a shows, the minimum necessary number of coherence-forming H_2O molecules is 1×10^{13}. This number corresponds to a cell diameter of at least 8 μm, which is a common cell size.

Fig.3 is a comparison of the calculated values with the measurement data on tree 2 [5]. A comparison with the measurement data on tree 1 leads to identical conclusions. A perfect fitof our model to experimental findings can be obtained if we

1) assign the first, third and fifth peaks with regard to the times of the day to the gravitational influence of the LP rhythms and associate the second, fourth and sixth peaks with the LD rhythms;

2) increase the average number of N_2 and $\Delta N_{2,\pm}$ indicated in Chapter 5b by a factor of 29 in comparison with N_1 and ΔN_1 .

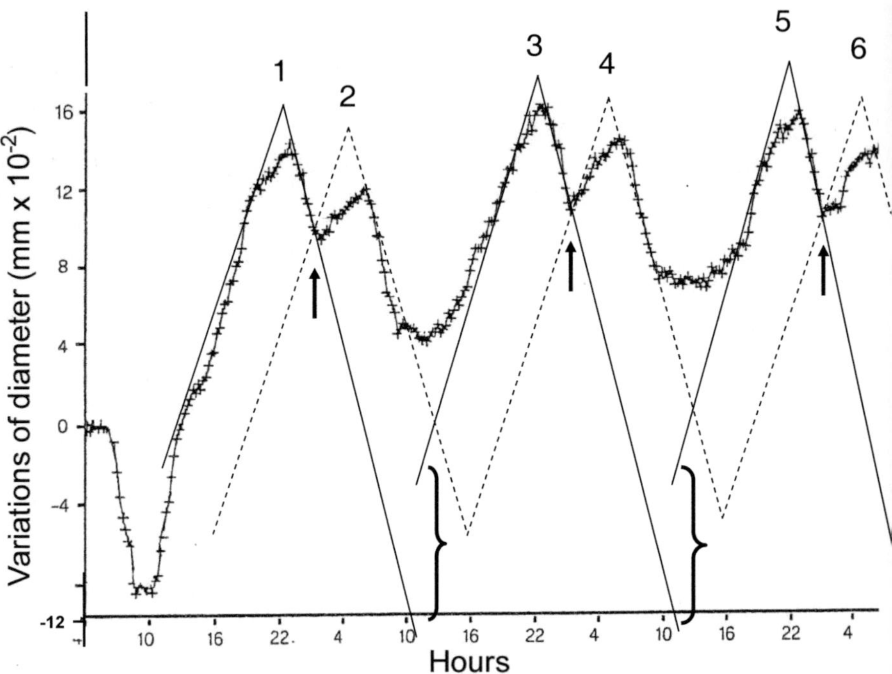

Fig. 3: *Changes in the diameter of a young spruce tree, marked by crosses. The measurements were made during a waxing moon from 17-20 July 1988, see Cantiani/Zürcher et.al. [5]. The theoretical dependencies are shown by the solid lines, related to the lunar-phase influence, and by broken lines, related to the lunar-day influence. The arrows mark the time of transformation from the lunar-phase to the lunar-day coherence state. The bracket indicates the extent of the disruption of the reversibility of the lunar-phase coherence state.*

With regard to point 1), it should be emphasized once more that due to the independence of the LD and LP cyclical times we have to consider both processes independently. Evaluating the course of the experimental data of Fig.3, we should concentrate our attention to the well defined position hours, i.e. the positions of the respective highest distances of the moon from the surface of the earth, being given at $m = + m_{max}$. For the considered 17-20 July 1988 period, i.e. from fourth until seventh day after new moon, the m_{max} of the LD process is reached at about 5 a.m., being in agreement with the hour positions of the second, fourth and sixth peak, see Fig.3. Evidently, in the case of the LP peak positions we have to consider both the lunar phase and the rotation of the earth, see Chapter 5b. The time of the largest distance, i.e. the lowest gravitation at the given phase day, can be taken from the gravimetric curve presented in Fig.1b of [5]. It shows to be at about 10 p.m., which agrees again with the time position of the first, third and fifth peak. Accordingly the shortest distances, represented by $m = - m_{max}$, should refer to roughly about 5 p.m. for the LD case, and to 10 a.m. for the LP case, respectively, as shown in the semi-quantitative fit in Fig.3.

With regard to point 2, the increase by a factor of 29 is easy to explain. If we wish to assume a direct interaction between the LP and LD areas, then the number of coherent LP areas must be larger than the coherent LD areas by at least a factor of 29, so that a transformation from an LP to LD areas and vice versa can take place. Furthermore it is evident that the transformation can only take place abruptly. The data in Fig.3 appear to fulfill this condition, as can be seen at the transitions from peak 1 to peak 2, from peak 3 to peak 4, and from peak 5 to peak 6 (see arrows in Fig.3).

The areas between peaks 2 and 3 and peaks 4 and 5 are nevertheless of importance. Deviations from the theoretically calculated straight lines indicate that the expected water emission (evaporation, "sweating") is interrupted at these areas. In accordance with this assumption, the course of the LP curve represented by the solid line is not, as shown in Fig.1b and Fig.2, continually connected. Instead we must assume rapid changes in its course in order to be able to guarantee the same heights of peaks 1, 3 and 5. The connecting areas between peaks 2 and 3 and peaks 4 and 5 are thus of particular importance. The deviations from the straight lines indicate that in this range the evaporation process is more difficult than the process of H_2O absorption. Reduced evaporation means, however, that the expected reversible LP process will not take place in its entirety. The result of such a prevented reversibility indicated by the brackets is thus the dimensional growth of the organic structure. Based on our analysis of the data gathered by *Cantiani/Zürcher* [2, 5], we arrive at the logically consistent hypothetical conclusion that, when the moon is waxing, the coherent LD areas prevent the cyclically caused outflux of H_2O molecules from the LP areas and thus can give rise to growth. We can thus put forward a remarkable hypothesis, according to which the gravitational effect of the moon and the influence of the Earth's rotation are highly likely to play a decisive role – in addition to sunlight, temperature and sustenance – in the dimensional growth of organic structures.

The temporal position between peaks 1, 3, 5 etc., on the one hand, and the peak group 2, 4, 6 etc., on the other, depends of course on the lunar phase, so that the consequences of the interaction between the LP and LD areas may differ. In order to analyze in more detail these questions, and above all the question of growth, it would be particularly useful to carry out analogous measurements during other lunar phases. This analysis would also be important for the stay of people on the moon or Mars, for if the hypothetical conclusions presented here are correct, it could be difficult to grow plants on these two celestial bodies.

7. Concluding remarks

As shown in Part I, the analysis and assessment of the interaction between the sun and the Earth in quantized form led to fundamentally new findings about our recognition process of physical time. The formulation of the duration quantum and the duration between two quantum transitions in the Earth's movement made it possible to assign corresponding psychophysical and physiological effects in humans – the 30 ms order threshold and the 3 s integration mechanism of the brain [13, 14] – to these phenomena. The detailed analysis of the effect of gravity on psycho-physiological phenomena gave us the idea that the gravitational effect of the moon could have analogous effects on organic structures on the Earth's surface.

In order to resolve this problem, it was necessary to comprehend the gravitational interaction not of a two-body but of a three-body system, namely of the sun, the Earth and the moon. It was shown in Part II that it is possible to comprehensively describe these interactions based on the dynamics of the celestial bodies, i.e. based on their velocities and orbital times. This means that the description of the gravitational effect of the moon on masses on Earth's surface can be reduced solely to time-related phenomena. This method of description makes it clear that in our case time should be understood as a waveform of gravitation, whereas gravitational force should be interpreted as its localized manifestation.

This dualistic view was documented by the formulation of the boundary conditions for the origin of a gravity-dependent coherent state of a cluster-like molecular unit. This molecular unit has been associated with water molecules. This coherent state is characterized by the interrelation of the *de Broglie* wave of the molecular unit and the given orbital time, see equation (14). A significant consequence of this interrelation is the conversion of gravitational dynamics into the temporal change of the number of coherent H_2O molecules. It is important to note that this change takes place to the ordered rhythm of the quantum leaps related to the orbital movement of the considered celestial body. This process seems to be the background of the biorhythmic clock that has long times been sought for in organic structures.

Besides, the process of coherence formation leads to a decoupling of the mass unit on the Earth's surface from the mass center of the Earth; it is therefore a mass separability process. This process can, as has been shown, take place by way of the gravitational effect of the sun. It occurs in small cluster formations of H_2O, whose size corresponds to the diameter of small cells, namely of 0.2 μm or 1.4 μm, and is maintained in a quantum leap rhythm of 3 seconds and more by the addition or subtraction of a given number of H_2O molecules (see Part I and

[20]). By contrast, we can presume that the separability process determined by the movement of the moon and the rotation of the Earth, as calculated in chapters 5a and 5b, appears to be reserved for cells whose diameter is approximately of an order of magnitude of 10 µm .

Based on a comparison of the model with the experimental findings of moon related growth fluctuations in young spruce trees [5, 20], it was shown that, as a result of the influence of the lunar-day cycle and thus the Earth's rotation, an interruption in the cyclical *reversible* influence of the lunar phases occurs. Owing to this disruption of reversibility, an increase in the number of coherent areas can take place, which we can describe as a growth-promoting process of organic structures.

In conclusion, our quantized gravitation and time model allows us to make the assumption that the cyclical movement of the Earth around the sun, the Earth's rotation and above all the gravitational effect of the moon are important prerequisites for the existence and growth of plants, animals and humans on the Earth's surface. Thus, in agreement with the assumption of *Davies* [21], gravity seems to be a basic requirement for the development of organic structures and life.

Acknowledgements: The author would like to express his gratitude above all to *E. Zürcher* for making available his experimental data as well as for providing many references to literature on this subject. Special thanks must also go to *I. Eisele* for his critical remarks and comments and for his support of this scientific project.

References

[1] F. A. Brown, C. S. Chow, Lunar-correlated variations in water uptake by bean seeds.
Biol. Bull 145, (1973) 265.

[2] M. Cantiani, M.-G. Cantiani, M.-G., F. Sorbetti-Guerri, Rythmes d´accroissement en diamètre des arbres forestiers. Rev. For. Fr. XLVI (1994) 349.

[3] H. Caspers, Spawning periodicity and habitat of the Paolo worm *Eunice viridis* in the Samoan Islands. Mar.Biol. 79, (1984) 229.

[4] H. Spieß, Chronobiological investigations of crops grown under biodynamic management. Experiments with seeding dates to ascertain the effects of lunar rhythms on the growth of I) winter rye, II) little radish. Biol. Agric. Hortic. 7, (1990) 165.

[5] E. Zürcher, M.-G. Cantiani, F. Sorbetti-Guerri, D. Michel, Tree stem diameters fluctuate with tide. Nature 392, (1998) 665.

[6] E. Zürcher, Mondbezogene Traditionen in der Forstwirtschaft und Phänomene in der Baumbiologie. Schweiz.Z.Forstwes. 151, (2000) 417.

[7] E. Naylor E, Marine animal behaviour in relation to lunar phase. Earth, Moon and Planets 85-86, (2001) 291.

[8] W. Schad, Lunar influence on plants. Earth, Moon and Planets 85-86, (2001) 405.

[9] J. Ashoff und R. Wever, Spontanrhythmik des Menschen bei Ausschluss aller Zeitgeber. Naturwiss. 49, (1962) 337.

[10] J. Strestik, J. Sitar, I. Predeanu, L. Botezat-Antonescu, Earth, Moon and Planets 85-86, (2001) 567.

[11] E.K. Bigg, The influence of the moon on geomagnetic disturbances. Journal Geophysical Res. 68, (1963) 1409.

[12] A.P. Dubrow, The geomagnetic field and life. *Geomagnetobiology*. Plenum Press, New York, London 1978; p. 311.

[13] E. Pöppel, A hierarchical model of temporal perception. Trends Cogn. Sci. 1, (1997) 56. [14] M. Wittmann M, Time, perception and temporal processing levels of the brain. Chronobiology International 16, (1999) 17.

[15] Brockhaus: Enzyklopädie. Mannheim. 19. Auflage; *Erde*. 1988; Vol. 6: 493; *Mond*. 1991; Vol. 15: 38; *Sonne*. 1994; Vol. 20: 461; *Zelle*. 1994; Vol. 24: 489.

[16] V. Kose und W. Wöger, Neue empfohlene Werte von Fundamentalkonstanten. Phys.Bl. 43, (1987) 397.

[17] K.von Klitzing, G. Dorda, M. Pepper, New method for high-accuracy determination of fine-structure constant based on quantized Hall resistance. Phys.Rev.Lett. 45, (1980) 494.

[18] R.E. Prange and S.M. Girvin, The Quantum Hall Effect. Springer, Berlin, London, New York, Tokyo, 1987.

[19] H.Vogel, *Gerthsen Physik*. Springer, Berlin, London, New York, Tokio, 1997, S.49.

[20] The duration between two quantum leaps Δt caused by the gravitational field of the sun and taking into consideration in addition the rotation of the Earth, can be calculated analogously to chapter 5a; this time is given by $\Delta t = 3.1$ s at the equator, and $\Delta t = 5.1$ s at the latitude $\alpha = 48°$. The change in the number of H_2O molecules in one quantum leap is equal to 365.

[21] P. Davies, *The fifth miracle*. Penguin, London, 1998.

Appendix C

The Crisis of Today´s Physics and a Model for its Overcoming

Abstract of Appendix C

The fundamental crisis of today´s physics is shown and analyzed. It is concluded that this crisis is a result of the classical treatment of time. A model for its solution is proposed, based on a new concept of the quantized representation of the gravity and reversible time. An uncertainty of time is postulated. The analogy of the macroscopic quantization to the quantization prevailing in atomic microstructures is disclosed. It shows that the change in the energy related time lapse reflects the emission or absorption of electromagnetic radiation. A time-energy-limit referring to the *Planck* constant is made evident. A holism dominating the cosmos is presented and documented by means of the halos of the galaxies. The implication of the time uncertainty in the valuation of the cosmic expansion is discussed. A model describing the nature of the Dark Energy is presented.

1. Introduction

Sciences are created by mankind and thus inevitably reflect the thinking and perceiving processes. This circumstance given at any scientific study is often not taken into account. Based on the conclusions of this paper it is shown that the non-consideration of this fact appears to be the main reason for the current crisis in fundamental physics, the basis for all other sciences, recognizable by the lack of real progress for the past quarter century, as discussesd by *Lee Smolin* [1].

The onset of the crisis can be considered the classical, causal-deterministic physics of the 18th and 19th centuries. The recognition of causal connections proved to be suitable for the observable effects in everyday life. As a consequence the reproducibility of events in physics was declared to be an indicator for scientific findings, whereas no attention was paid to the processes based on uncertainties in the nature and to the liberty of decision of mankind. The processes in the nature could be realized and described by mathematical equations, which allowed to make predictions due to their typical causal way of expression. This fact led to many valuable results, thus the mathematical-causal method for the description of events was acknowledged to be the decisive criterion for the scientific character of physics. This proceeding – typical for the classical physics – rendered independently and disregarded the fact that it was developed by mankind by means of his mental capability. As a result of this development the opinion arose that the originator of science is himself a product of causal-deterministic, mathematically formulated laws. The mathematically formulated physical laws became the representation of all events in the cosmos, the causally formed mathematics have been raised to the "last truth of being" [2].

An inconsistency in this way of perception became obvious only after the disclosure of the wave-particle dualism of the electron, which could be transferred to any kind of matter. This revolutionary discovery of the last century, which led to the development of the quantum mechanics, constrained the up-to-now in causal-deterministic categories reasoning physicist to reconsider the creator of this science, the mankind and his features. The over and over again occurring discussion on the interpretation of the quantum mechanics, e.g. on the so-called *Schroedinger* cat [3, 4], refers to this change. Evidently – despite turn-away from the absolute claim of the causal determinism – this new road can be considered as a scientific method. This demonstrates the all-round applicability of the microchip functionality at the modern engineering, tracing back to the effect of the transistor and thus to the quantum mechanics.

The far-reaching dilemma regarding methods for the physical description of events in nature emerged when, at the time of development of quantum mechanics, a further theory practicable in the macrocosmos began to establish with *Einstein's* special and general theory of relativity. These theories can be considered a continuation of the causally determined way of thinking. In this connection, specific attention should be paid to the general theory of relativity (GTR). This theory is based on the idea that the gravitational forces of the macrocosmos can be described by the effect of curved spacetime, at which the time is handled as a fourth dimension. It should be noted that the idea of spacetime contradicts the human perception conceiving space and time as two different entities. Moreover, the spacetime is a mathematical construct supplying no plausible reason as to why the geometry of space and time should be described such as by *Riemann's* proposed curved geometry [5, 6]. Therefore, observations are necessary to support the spacetime model and the description of gravity deduced from it.

In the following chapters it will be shown that the experimental results obtained by the application of the continuum based spacetime model can be interpreted also by a quantized gravity model.

It is evident that the GTR based on the spacetime continuum contradicts the idea of a quantized world. In a quantized world many statements would be impaired by some uncertainties. Moreover, in such case the causality principles, considered as absolutely valid, must substitute for indeterministic probability theories. In this connection it should be noticed that when comparing both theories, the quantum mechanics appear to be more applicable than the GTR. It is not only the extensive range of application seen with respect to the development of microchips, the laser technics, and the teleportation [7], which all argue in favor of a quantized picture of the world, but, in addition, the *Bell* theorem, associated with the experimental results of *Aspect* [3], certify the incredibility of an absolute causality of events in the world. It is interesting that mans generally highly accepted freedom of decision corresponds better with the principles of the quantum theory than with the principle of an absolute causality, the validity of which being the initial idea of the theory of relativity.

The solution of this dilemma based on the hypothesis that the physical world is split into two ranges of validity, on the one hand into the microcosmos formed by the principles of probability, and on the other hand into the macrocosmos controlled by deterministic laws, is not tenable. For instance the Quantum-Hall-Effect [8], which is considered a macroscopic quantum effect due to the unlimited spatial extension, contradicts this conception. Thus, the question came up repeatedly whether this problem can be solved by formulating a quantized gravity. Up to now all endeavors in this direction were unsatisfactory as the relevant initial approaches and conclusions could not be verified by experimental experience [1, 4, 9]. The recent astronomic finding declaring that 70% of the cosmic energy, termed Dark Energy, is not detectable, is also an unsolved problem [10]. The non-availability of a practicable approach to solve these phenomena belongs to the fundamental problems of physics. Thus, we are speaking of a *profound crisis in today's physics*.

In the present paper an attempt has been made to develop a model which enables to overcome the barrier between both theories, the quantum theory and the theory of relativity. This model starts from the principle that the novel macroscopic physics should not be based on existence-giving mathematics of deterministic character, but – in agreement with nature – it should tolerate a range of validity of the quantization inherent uncertainty. It is obvious that such a type of physics takes into account also the characteristics of mankind. Specific attention should be directed to the category "time", the analysis of which – as already presented in another paper [11] – shows a road to a novel description of gravity in a quantized manner. This quantized gravitation shows all typical characteristics of quantum mechanics: The uncertainty, the probability aspect, the wave-particle dualism, as well as the conception of non-locality and collapse attaching thereto. The plausibility of this new concept has already been demonstrated by means of the description of the human perception of time and of the influences of time on the organic nature due to the gravitational effect of the sun and the moon [11]. Moreover, the new model will be confirmed in this paper by the explanation of the rotation of the Foucault pendulum referring to the *holism* of the cosmos, by the explanation of the strange properties of the *halos* of the galaxies, and finally by the quantization based interpretation of the assumed "lack" of 70% cosmic energy [10, 12].

In the following chapter a novel approach is formulated, describing the gravity in quantized manner which leads to a quantized reversible time and to an uncertainty of time. Furthermore it will be shown that this approach can be conceived by an analogy to the *Bohr* quantization model of atoms. The imitation of this model is so far reasonable as *Bohr* started from the picture of a planetary system when describing the structure of the atoms. The amazing uniqueness of the analogies will be further disclosed by the application of the quantization to the second and third *Kepler* law.

2. The principles of quantized gravity

The energy change in the atomic structures occurs in quantized, i.e. non-continuous form. In the following it will be attempted to find an analogous approach applicable to the gravity of the macrocosmos. It is assumed that the effect of the gravity on the test mass M_x is expressed by the local potential energy E_n, defined by the energy of the test mass $M_x\, c^2$ and modified by the number n. For simplicity, considering absolute values here and in the sequel, we can thus write

$$E_n = \frac{M_x c^2}{n} \quad . \tag{1}$$

Here n represents the amount of the local effect of the gravitational field, and c is the speed of light. In case the number n describes a continuous gravitational field, i.e. n is allowed to change continuously from place to place, then the representation of the gravitational field agrees with the conception of *Einstein*. The deviation from the model of *Einstein* originates in that moment, when it is – for the present – assumed that the number n should be considered a natural, i.e. a quantum number. This specific approach offers the possibility to obtain the gravitational force F_G in quantized form after differentiating the potential energy E_n by the distance R_n, resulting in the approximation (see [13])

$$F_{G,n} \approx G\, \frac{M_x\, M_{y,G}}{R_n^2} \quad . \tag{2}$$

R_n is the distance between the gravitational center of the mass $M_{y,G}$ and the test mass M_x, and G the gravitational constant, given by [14, 15]

$$G = c^2\, \frac{L}{M} = 6.67259 \times 10^{-11}\ m^3 / kg\, s^2 \quad , \tag{3}$$

where $L = 4.05084 \times 10^{-35}$ m is the *Planck* length and $M = 5.45621 \times 10^{-8}$ kg the *Planck* mass [15].

The „classical“ quantized form (2) of the gravitational force $F_{G,n}$ is obtained when it is assumed that the gravitational distance R_n is quantized, defined by

$$R_n = n_G \lambda_{y,G} \quad , \tag{4}$$

where n_G is a quantum number, which characterizes both the location of the test mass M_x and the potential energy (1), and $\lambda_{y,G}$ is a reference length which characterizes the central mass $M_{y,G}$, given by

$$\lambda_{y,G} = \frac{L}{M} M_{y,G} \quad . \tag{5}$$

Furthermore, it is required to carry out the derivation of (1) by R_n in quantum leaps from n_G to n_G+1 (see [13]).

The reference length $\lambda_{y,G}$ can also be interpreted as a length uncertainty. It should be pointed out that R_n, the quantized distance between M_x and $M_{y,G}$, yields for $n_G = 1$ in view of (4)-(5) the *Einstein-Schwarzschild* radius. This means that the magnitude of the spatial extension of the black hole can be obtained simply by the derivation of the quantized gravitational force, i.e. without claiming the GTR.

The derivation of (2) discloses that the “classical” form (2) can be obtained only in these cases, in which we have $n_G >> 1$ [13]. Furthermore, the quantization method shows that it is not allowed to use multiple quantum leaps at the differentiation but those of n_G to n_G+1. The background becomes obvious when we consider that the reversible time, which is inherent in both the gravitational potential and gravitational force, evolves non-linearly with R_n (see Chapter 5b). This specific feature of the quantized gravitational force will be treated in detail in the next chapter.

The approach (1)-(5) claims that the *Newton* law of gravity with the indirect proportionality of the quadratic distance obtained by *Riemann* geometry at small curvatures, which corresponds to our $n_G >> 1$ condition, also can be deduced from the quantized gravitational model (QGM). It should be pointed out further that the importance of the quantized formulation of the gravity is given above all due to the possibility of a physical description of time referred phenomena such as the zeitgebers in organic cells [11]. In addition, the advantage of the quantized formulation is recognizable on the separate treatment of space and time, which – as will be shown in the next chapters – reveals several new findings.

3. The quantized formulation of time and the time uncertainty

The quantized formulation of R_n, yielding the indication of the localizing character of the gravitational distance, is also the starting point for the formulation of the quantized gravitational time. To demonstrate it, we must refer to the experiences with classical physics. The classical description of the *Newton* gravitational force (2) can be transformed into a time related form, i.e.

$$F_{G,n} \approx M_x \frac{\upsilon_n^2}{R_n} = M_x \frac{R_n}{t_n^2} , \qquad (6)$$

where υ_n is the velocity and t_n the time given by 1/2π of the period T_n of the test mass M_x rotating around the center $M_{y,G}$, i.e. $t_n = T_n/2\pi$. The parameter t_n will be referred to in the following as "effective" time. The strong connection of 2π with the time and not with the space certifies the assumed autonomy of the category time.

To obtain a quantized expression of time, the approach (1)-(5) is applied to the second *Kepler* law, thus writing

$$M_x \upsilon_n R_n = M_x \upsilon_{n,m} R_{n,m} = konst. \qquad (7)$$

Here m are, in analogy to n_G, quantum numbers which, starting from the basic n_G, are varying from 1 up to $+m_{max}$, or from -1 up to $-m_{max}$, to consider the elliptical cyclic motion. The distance $R_{n,m}$ in (7) is thus defined by $R_{n,m}= (n_G \pm m)\lambda_{y,G}$, and $\upsilon_{n,m}$ represents the velocity on the position $R_{n,m}$. The law of the angular momentum constancy (7) yields the quantized expression of the effective time $t_{n,m}$ in the form [16]

$$t_{n,m} = (n_G \pm m) \sqrt{n_G^*} \frac{\lambda_{y,G}}{c} = (n_G \pm m) \sqrt{n_G^*} \tau_{y,G} \qquad (8)$$

with

$$\tau_{y,G} = \frac{\lambda_{y,G}}{c} . \qquad (8a)$$

It should be noted that the time $t_{n,m}$ in (8) is objectified by means of the gravitational distance.

The number n_G*, which occurs in (8), is defined by the uncertainty relation

$$n_G + 1 \;\leq\; n_G^* \;\leq\; n_G + 2 + \frac{1}{n_G} \quad . \tag{9}$$

This uncertainty relation (9) is a consequence of the uncertainty of time. It reflects the non possibility to describe precisely the time lapse between the ($n_G \pm m$) and the (($n_G \pm m$)±1) state, or between the $R_{n,m}$ and $R_{n,m,\pm 1}$ distance. It should be noticed that the duration quantum $\sqrt{n_G^*}\,\tau_{Y,G}$ in (8) is a function of n_G, i.e. it varies – in contrast to the gravitational uncertainty of length $\lambda_{y,G}$ – with the distance R_n. The derivation of (9) is shown in [17].

The orbital velocity $\upsilon_{n,G}$ can be deduced by means of (4) and (7), obtaining

$$\upsilon_{n,G} = \frac{R_n}{t_n} = \frac{c}{\sqrt{n_G^*}} \quad , \tag{10}$$

Here t_n in (10) represents the mean effective period. It results from $t_{n,m}$ in (8) at $m = 0$. Hence the gravitational energy $E_{n,G}$ is not given by (1), but by

$$E_{n,G} = \frac{M_x c^2}{n_G^*} \quad . \tag{11}$$

This conclusion shows that the uncertainty of time is objectified by energy, and that the quantization formulated by natural numbers appears only at the gravitational distance (3).

The necessity of the change of the gravitational energy from (1) to (11) makes obvious the extraordinary importance of the reversible time (8) at all phenomena referred to gravity. The equation (8) reveals the linearity of the time lapse, and that in all those situations, at which the conservation of angular momentum and energy is given. But when leaving this situation, the non-linear influence of time becomes effective in form of the gravitationally caused change of the lapse (see Chapter 5b).

It is obvious from (9) that the gravitational potential energy (11) can be replaced by (1) for $n_G >> 1$. Moreover, it is evident that at $n_G >> 1$ both space and time are approximately in accordance with a space-time continuum and thus with the starting position of the GTR. *This means that the difference between the quantized gravity and the GTR becomes evident when the condition $n_G >> 1$ is no more valid, as in case of the theoretical investigation of the future cosmic development, see Chapter 9*. Thus, due to $n_G >> 1$, it is not legitimate to conclude from the successful calculation of the perihelion motion of the Mercury by means of the GTR, that this theory is generally valid. Similarly, the observed change of the time lapse as a function of the distance from the gravitational center by the GTR is not suitable as an argument for the general applicability of this theory. The change of time behavior can also be described by means of the quantized gravity model in a simple way, as will be demonstrated in Chapter 5b.

A special feature of the quantized gravity model is the deduced indication of holistic correlation at the gravitational interactions. The holism becomes obvious only by the application of the quantization approach (1)-(5) on (7), whereas an approach based on the space-time continuum applied to the law of angular momentum conservation leads to inconsistencies. During the elliptical motion, the velocity changes as a function of the position. In case of an absolute elliptical motion, the velocity $\upsilon_{n,m}$ at the position (n,m) is due to (7) given by

$$\upsilon_{n,m} = \frac{R_n}{t_{n,m}}, \qquad (12)$$

i.e. $\upsilon_{n,m}$ varies exclusively with the change of the effective period given by $t_{n,m}$ in (8), whereas R_n remains constant. This conclusion is a specific feature of the mathematically exact elliptical motion. The *holism* expressed by (12) is a result of the gravitational interaction between the test mass M_x and the mass of the center $M_{y,G}$. This fact is not a specific isolated peculiarity, but the processes in the cosmos in general can interpreted as *holistic* events, as will be shown in the Chapters 6, 7 and 9.

In context with the time analysis the following fact should be noticed. It is known from psychological investigations that the category time, which cannot be seen directly, can be experienced only by observing cyclical, reversible processes. The cause for it becomes evident from the equation of the velocity (12), which shows that due to the constancy of the angular momentum (7), only the time $t_{n.m}$ appears as a variable, thus becoming recognizable as an independent parameter. In contrary, the time, typical of non-gravitational phenomena, is more difficult to comprehend due to its irreversible character. This shows that with the formation of gravitational interaction, resulting in the origin of the reversible time, the fundamental requirement for the rise of organic life has been called into being [11], and thus of the concept of time in the frame of our human existence and thinking. The quantum theory of gravity (QTG) shows several new aspects with respect to the question of time, in particular with respect to the description of the fundamental properties of organic structures, which are more significant compared to the statements about time made by the GTR. This finding indicates that all investigation and discourses on the future development of the events within the cosmos or of the cosmos itself without taking notice of the QTG can support only partial statements, see Chapter 9.

4. The second and third *Kepler* law in view of the quantized gravitation

The second *Kepler* law refers to the law of the angular momentum conservation, the third to the energy conservation. Both laws, which describe the motion of the planets, correspond with the constancy of n_G. This assertion becomes evident from (3)-(5) and (10) resulting in

$$\upsilon_{y,G}^2 = \frac{c^2}{n_G^*} = \frac{R_{y,G}^2}{t_{y,G}^2} = \frac{G\,M_{y,G}}{R_{y,G}^*} , \tag{13}$$

where the index y describes the reference to the gravitational mass center $M_{y,G}$. $R_{y,n}$* is a specific distance of the gravitational interaction, which takes into account the uncertainty of time. It is defined by

$$R_{n,G}^* = n_G^*\,\lambda_{y,G} . \tag{14}$$

The square root of (13) corresponds to the velocity, which, multiplied with M_x and $R_{y,n}$, represents the second *Kepler* law (7). Equation (13) refers not only to the second *Kepler* law, it yields also the third *Kepler* law, defined by

$$t_{y,n}^2 = \frac{R_{y,n}^2\,R_{y,n}^*}{G\,M_{y,G}} . \tag{15}$$

The peculiarity of this equation arises from the consideration of the uncertainty of time, caused by the introduction of $R_{y,n}^2 R_{y,n}$* for $R_{y,n}^3$. *It is easily noticeable that the effect of this difference becomes evident only at low numbers n_G, and this – as shown in Chapter 9 – with respect to energy considerations only.*

The discussed relation between (7), (13) and (15) shows that – within the quantized description of gravity – it is justified to replace the angular momentum and energy conservation by the idea of a particular gravitational state of the test Mass M_x, manifested by n_G = const..

5. The analogy to the two *Bohr* postulates and the gravitationally caused change of the energy related time lapse

In the following the close relationship of the two postulates of the *Bohr* model, describing the behavior of the electrons in the atomic cover [18], to the model of quantized gravity will be demonstrated. Via these means, a significant bridge will be built between the atomic and the gravitational phenomena.

a) *The analogy to the first* Bohr *postulate*

The first *Bohr* postulate declares that the electrons move on quantized orbits around the atom without radiation. The analogy to the first *Bohr* postulate can be demonstrated by means of (3), (7) and (13) performing following transformation:

$$M_x \upsilon_n R_n = \frac{n_G}{\sqrt{n_G^*}} \frac{M_x M_{y,G}}{M^2} h \quad , \tag{16}$$

where h is the *Planck* constant. Here we can see a gravitationally implied extension of the *Bohr* h-limit by the factor $(M_x M_{y,G})/M^2$. This factor can be simplified by the number m_G, i.e.

$$\frac{M_x M_{y,G}}{M^2} = m_G \quad . \tag{17}$$

Of course, the *Bohr* h-limit is valid for all values $m_G > 1$. However, it should be pointed out that the h-limit in (16) is not violated even for $m_G < 1$, and that all cases comply with

$$m_G \geq \frac{\sqrt{n_G^*}}{n_G} \quad . \tag{18}$$

which yields

$$M_x \upsilon_n R_n = \frac{n_G m_G}{\sqrt{n_G^*}} h \geq h \quad . \tag{19}$$

Such a situation will be dealt with in Chapter 5b.

The limit (19) can be reformulated into a gravitational time-energy limit. When we apply (11) and (8) at $m = 0$ and (18) to the equation (16), we obtain a h-limit expression for the n_G-state in form

$$h \leq n_G \sqrt{n_G^*} \frac{\lambda_{y,G}}{c} \frac{M_x c^2}{n_G^*} = t_n E_{n,G} \quad . \tag{20}$$

This expression can be considered as an analogy of the *Heisenberg* uncertainty principle with the difference that, instead of the limiting position-momentum interrelation, here a limiting interrelation is formulated between the gravitational, i.e. reversible time t_n and the gravitational energy $E_{n,G}$ is given.

b) *The analogy to the second* Bohr *postulate*

The second *Bohr* postulate describes the change between two *energy* states of the electron ΔE, accompanied by the emission or absorption of an electromagnetic radiation quantum hf_{elmg}, i.e.

$$\Delta E = h f_{elmg} \quad . \tag{21}$$

An analogical behavior can be formulated considering the gravitational change from state $n_{o,G}^{*}$ to state $n_{x,G}^{*}$. In this case the change of the energy $\Delta M_x c^2$ is represented by the change of the potential energy (11)

$$\Delta M_x \upsilon^2 = M_x c^2 \left(\frac{1}{n_{x,G}^{*}} - \frac{1}{n_{o,G}^{*}}\right) \quad . \tag{22}$$

It is known that any mass or its energy can be described by the frequency of its wave matter. Thus – in analogy to (21) – it is possible to describe the change of the potential energy (22) by a change of the frequency. As an example, we consider the mass of the earth $M_{E,G}$ the gravitational center and intend to formulate the change of the frequency as a result of the change in the distance related *energy*. For the case $m_G = 1$ we obtain the reference frequency $f_{E,o}$ given by

$$h f_{E,o} = M_x c^2 = \frac{M^2}{M_{E,G}} c^2 \quad . \tag{23}$$

Thus, instead of (22) it can be formulated

$$\Delta f_{E,o} = f_{E,o} \left(\frac{1}{n_{x,G,}^{*}} - \frac{1}{n_{o,G}^{*}}\right) \quad . \tag{24}$$

It is evident that $\Delta f_{E,o}$ describes the gravitationally caused change of the frequency. In case the testing frequency is – instead of $f_{E,o}$ – equal to $f_G = m_G f_{E,o}$, then the change Δf_G is also impacted by the factor m_G, obtaining

$$\frac{\Delta f_G}{f_G} = \frac{m_G \Delta f_{E,o}}{m_G f_{E,o}}$$

$$= (\frac{1}{n^*_{x,G}} - \frac{1}{n^*_{o,G}}) \approx (\frac{1}{n_{x,G}} - \frac{1}{n_{o,G}}) \cdot \qquad (25a)$$

Transferring this frequency change to the change in the time lapse Δt, we have

$$\frac{\Delta t_G}{t_G} = \frac{m_G \Delta t_{E,o}}{m_G t_{E,o}}$$

$$= (\frac{1}{n^*_{o,G}} - \frac{1}{n^*_{x,G}}) \approx (\frac{1}{n_{o,G}} - \frac{1}{n_{x,G}}) \cdot \qquad (25b)$$

This result, seen with respect to (22), reflects the sought after analogy to the second *Bohr* postulate (21). Of course, there is a well recognizable difference which is of great importance: Instead of the emission or absorption of electromagnetic radiation, a change in the time lapse Δt_G is observed. This observation suggests the hypothesis that – as already discussed in [11] – the (reversible) time has to be considered to be the wave-like form of the gravitational interaction. Thus it can be supposed that in analogy to the absorption or emission of photons, in case of a gravitationally caused n_G-change, a change in the time lapse will occur. The advantage of such a model, seen with respect to the often considered graviton model, is the fact that in our case *no* interaction between the *time energies* takes place owing to the exclusive reference to the interactive *masses* [19].

The change of the time lapse Δt_G, first formulated by the GTR [20, 21], is here formulated on the basis of the QTG. It should be emphasized that its experimental observations, performed by the GPS, are in agreement with (25b). As an example, we consider the difference in the time lapse measured on the surface of the earth and at an orbital height of 20.183×10^6 m by means of an atomic clock. Using the mass of the earth $M_{earth,G} = 5.97 \times 10^{24}$ kg and its average radius $R_{n,earth} = 6.37 \times 10^6$ m, the reference number results in $n_{earth,G} = 1.44 \times 10^9$, and for the height 20.183×10^6 m, we obtain $n_{x,G} = 5.988 \times 10^9$. Thus the calculated accelerating factor $\Delta t_G/t_G$ of (25b) amounts to $\Delta t_G/t_G = 5.287 \times 10^{-10}$, being in excellent agreement in comparison to the experimentally determined value $(\Delta t_G/t_G)_{GPS} = 5.29\times10^{-10}$ [21].

The measurement of the change in the time lapse by means of the GPS was successfully performed at $f_G = 1.023\times10^7$ Hz [21], i.e. at a frequency below the earth related reference frequency $f_{E,o} = 6.76\times10^{10}$ Hz. This result demonstrates that the gravitation, characterized by the factor m_G in (19), is not multiplicatively coupled to the atomic h-limit, but interwoven with it.

An interesting remark should be noted. The QTG yields a limit for the observation of the change of the time lapse, as defined by (19). The existence of such a limit is a result of the quantization idea and thus it cannot be proposed by the GTR due to the spacetime continuum. A detection of a frequency limit referred to the measurement of the time lapse change represented by (19) or (20) would be an important proof of the validity of QTG. In case of GPS-measurement at a height of 20.183×10^6 m, the equation (19) yields a limit frequency of $f_{G,o} = 1.78\times10^6$ Hz, supposing a pure sinusoidal signal is used. In case the limiting value of the angular momentum appears to be $h/2\pi$ instead of h, the frequency limit of the pure sinusoidal signal amounts the value $f_{G,o,2\pi} = f_{G,o}/2\pi = 2.8\times10^5$ Hz. A referring experimental investigation would supply the theory with important information.

6. The cosmic holism

The different expression of a change in the energy, observable on one hand as an electromagnetic radiation, on the other hand as a change in the time lapse, represents the difference in the character of time. The energy change, noticeable by means of photons, can be considered as a representation of all temporally irreversible processes, which all electromagnetic phenomena and all nuclear processes belong to, i.e. the weak and the strong interactions. In contrast, the change of the time lapse is the characteristic feature of all those *energies*, which refer to the *reversible* lapse of time. These two different domains of time character are in strong connection, characterized on one hand by their lapse, on the other hand by the holism being effective in the cosmos. In this chapter the holism of gravity-independent processes will be presented and discussed, and in the next chapter its connection to the holism referred to gravity.

The fundamental thesis describing the gravity independent holism of the cosmos is the assumption that the speed of light is a time independent constant. When the constant speed of light is extended by the fixed factor L/M, i.e. by the relation between the *Planck* length and *Planck* mass, we obtain the constant of gravity G, defined in (3). The values L and M describe by definition the cosmos at the time of the Big Bang. That implies that the values L and M are independent of time. Hence from the supposition c = const. follows according to (3) automatically the statement that G also must be valid universally.

The basic form of the third *Kepler* law, given by

$$T^2 = \frac{L^3}{G\,M}\,, \tag{26}$$

is identical in its contents with G defined by (3), nevertheless, it represents a simple extension of G. This extension of (3) to (26) is meaningful and justified only when it can be assumed that the connection between time, space and mass formulated by (26) is valid also at other times $t_y > T$, of course accompanied with other lengths $R_y > L$ and other "masses" $M_y > M$. This time dependent state of the time-space-"mass" correlation can be expressed by

$$t_y^2 = \frac{\lambda_y^3}{G\,M_y}\,. \tag{27}$$

Here the time t_y is given by $t_y = \lambda_y/c$, and λ_y has the meaning of a reference length. The reference length λ_y is defined by $\lambda_y = (L/M)\ M_y$ to maintain the relation to G, see Fig.1. As the time T defines the "start" of the cosmos, thus equation (27) describes the time-space-"mass" connection at a "later" time.

There is no plausible reason against the supposition that the extension of (26) to (27) can be extended to the so-called age of the cosmos T_U, setting $t_y = T_U$. Based on the assumption c = const. and thus G = const., we arrive consequently at the conclusion that the validity of the third *Kepler* law can be applied to the "current" time, i.e.

$$T_U^2 = \frac{L_U^3}{G\,M_U}\,, \tag{28}$$

where T_U is the current cosmic time, i.e. the so-called age of the cosmos, and $L_U = c\ T_U$ its length. M in (26) and M_y in (27) represent a gravitational or non-gravitational "mass". M_U in (28) should be considered a cosmic „mass" – as will be shown in Chapter 9 – of non-gravitational, i.e. better expressed of kinetic or wave-like nature. Thus, proceeding from a similar argumentation, T_U seems to represent an irreversible time.

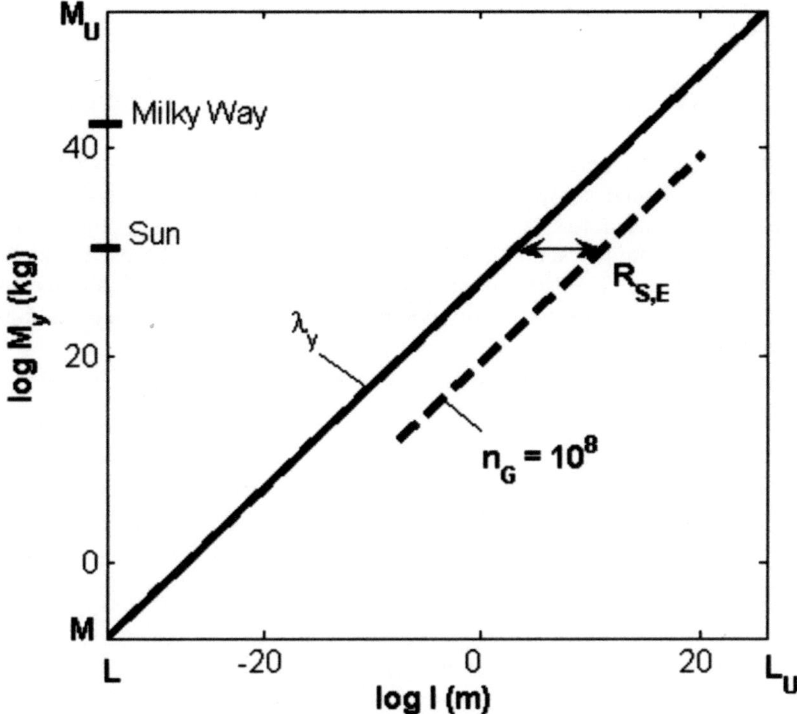

Fig. 1 *Logarithmic diagram of the gravitational or non-gravitational „mass" M_y vs. the distance or length l of the cosmos. M is the Planck mass, L the Planck length, M_U the total „mass" of the universe, L_U its length. The presented data refer to the present time of the cosmos. The value of the diagonal λ_y describes the reference length of the „mass" M_y, required for the quantum approach. n_G is the quantum number, characterizing the sun-earth distance $R_{S,E}$. The broken line represents the range of the unchanged lapse of time for the observer on earth.*

In summary the extension of (26) up to the present time T_U can be expressed by

$$\frac{L}{M} = \frac{\lambda_y}{M_y} = \frac{L_U}{M_U} \quad . \tag{29}$$

These relations are depicted in Fig.1. It is evident that *the interrelation (29) is an expression of the holism, being effective in the cosmos*. Thus, in similarity to the disclosure that the statement G = const. is a consequence of c = const., we are accordingly able to conclude that the holism formulated in (29) is solely a consequence of c = const..

7. The halo – a gravitational expression of the cosmic holism

We know that the equation of the time-space-"mass" connection, analyzed in the preceding chapter, applies not only to the non-gravitational "mass", but also to the gravitational mass. This follows from the fact that G is a characteristic constant of the gravity, see (2). Thus the equation (27) can be used also as a basis for gravitational considerations. However, in this case M_y refers to the sum of both masses, the mass of the gravitational center *and* the so called test mass, e.g. the planet.

Referring (27) to the present time of the cosmos T_U we obtain for the mass M_y the following relation

$$T_U^2 = \frac{R_{y,Tu}^3}{G\,M_y} \quad . \tag{30}$$

Here $R_{y,Tu}$ represents a *limiting* distance, as defined in (4) by

$$R_{y,Tu} = n_{y,Tu}\,\lambda_y \quad , \tag{31}$$

where $n_{y,Tu}$ is the proportional quantum number between the distance $R_{y,Tu}$ related to T_U and the reference length λ_y.

The equation (30) can be restated into

$$L_U^2 = n_{y,Tu}^3\,\lambda_y^2 \quad . \tag{32}$$

It is evident that *(32) represents the third Kepler law* in a definite <u>distance</u> related form. Thus to be in agreement with the quantized formulation of distance given in (4), i.e. to keep the solution of (32) in a quantized representation, we have λ_y^2 to split up into

$$\lambda_y^2 = \lambda_{y,G}\,\lambda_{y,irr} \quad . \tag{33}$$

The splitting of λ_y^2 is based on the supposition that λ_y^2 consists of two different values which refer on one hand to the gravitational mass $M_{y,G}$, and on the other hand to the non-gravitational "mass" $M_{y,irr}$, being in a particular relation to each other. In the foregoing chapter it has been stated that the non-gravitational „mass" M_y refers to the irreversible time. Thus, in the following, it will be labeled $M_{y,irr}$ to distinguish it from the gravitational mass $M_{y,G}$.

Therefore instead of (32) we are writing

$$L_U^2 = n_{y,H}^3 \lambda_{y,irr} \lambda_{y,G} , \tag{34}$$

Due to our quantum model a further subdivision of (36) is meaningful, which results in

$$L_U = n_{y,H}^2 \lambda_{y,G} \tag{35}$$

and

$$L_U = n_{y,H} \lambda_{y,irr} . \tag{36}$$

These show that

$$\lambda_{y,irr} = n_{y,H} \lambda_{y,G} . \tag{37}$$

It is easy to recognize that (37) reflects not only the interrelation between the non-gravitational $M_{y,irr} c^2$ and gravitational $M_{y,G} c^2$ energies, but it describes also the relation between distances. $\lambda_{y,irr}$ in (37) defines a reference length, which according to (36) is related to $M_{y,irr}$. But of greater importance is the fact that (37) formulates a particular, limiting distance, characteristic of the gravitational mass $M_{y,G}$. Thus we can introduce a new symbol $R_{y,H}$ for this gravity related distance, which is according to (34) – (37) is given by

$$R_{y,H} = n_{y,H} \lambda_{y,G} = \sqrt{\lambda_{y,G} L_U} . \tag{38}$$

The theoretical conclusions, summarized in the formulation of the specific gravity related limiting distance $R_{y,H}$, are depicted in Fig.2. Here, as an example, are shown the conditions for the case of the Milky Way.

A valuable indication of the correctness of the interpretation of (32) and the definition of the gravity related limiting distance $R_{y,H}$ in (38) is the observation of a particular distance of a given galaxy $M_{y,G}$, named its ***halo***. The halo has been observed by investigating the speed of rotation of the clouds of gas at the outside areas of the galaxies. The characteristic feature of the halo is the constancy of the velocity $\upsilon_{H,G}$. This means that $\upsilon_{H,G}$ – in contrast to the boundary condition of the gravitational interaction – is independent of the distance from the gravitational center [22, 23]. This particular independence can be interpreted as a result of the holistic connection between the total mass $M_{y,G}$ and the non-gravitational „mass“ $M_{y,irr}$ of the given galaxy. Thus it is postulated that $\upsilon_{H,G}$ represents a length-time-coupling number characterizing the kinetic energy referred to the given galaxy.

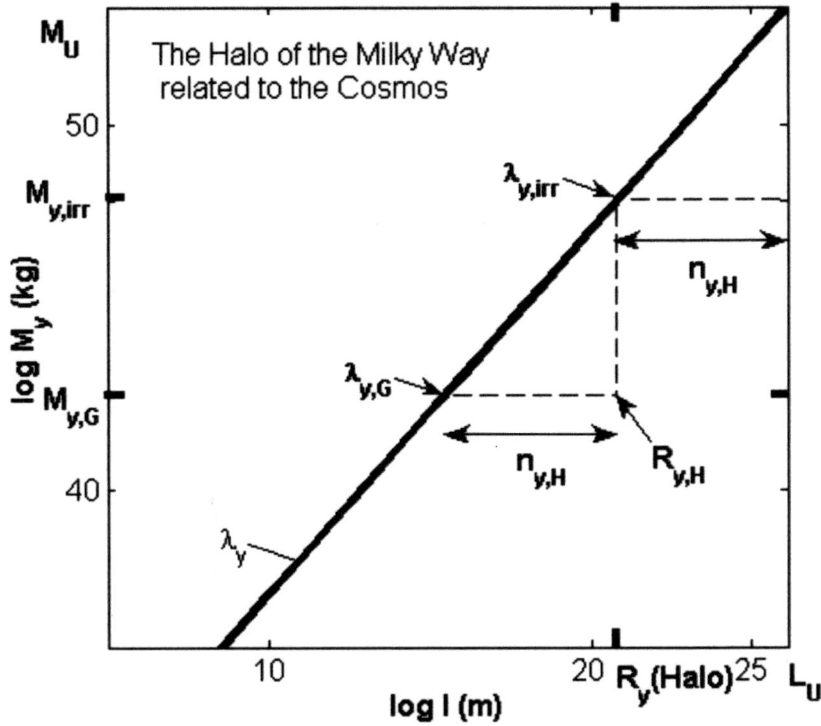

Fig. 2 *Section of Fig.1, showing the logarithmic diagram of the „mass“ M_y vs. the distance or length l, referred to the Milky Way. Shown are the gravitational reference length $\lambda_{y,G}$ and the non-gravitational reference length $\lambda_{y,irr}$ of the Milky Way. $R_{y,H}$ is its halo distance and $n_{y,H}$ the number referring to $R_{y,H}$. $n_{y,H}$ also describes the relation between the kinetic energy $M_{y,irr}$ related to the Milky Way and the total energy of the cosmos M_U.*

The known data of the Milky Way galaxy can be used as an example for our model. The data are schematically represented in Fig.2. The diameter of the Milky Way halo is $\Phi_{Halo} = 1.6\times10^5$ ly [22], i.e. the radius equals $R_{y,H} \approx 7.5\times10^{20}$ m, and the total mass, the corona included, is supposed to be $M_{y,G} \approx 4.2\times10^{42}$ kg

[24]. Thus using (3), (5) and (34)-(38), the non-gravitational "mass" amounts to be $M_{y,irr} \approx 7.7\times10^{47}$ kg and the halo related number is $n_{y,H} \approx 3.0\times10^{5}$, which yields a velocity $\upsilon_{H,G} \approx 5.5\times10^{5}$ m/s.

Fig.2 shows that in fact $n_{y,H} R_{y,H}$ results in $L_U = 1.7\times10^{26}$ m, which corresponds to the so-called cosmic age of around 5.8×10^{17}s.

All this results represent an *experimental confirmation* of the assumed holism discussed in Chapter 6. The analysis of (30) shows that any given gravitational mass $M_{y,G}$ is accompanied by a non-gravitational "mass" $M_{y,irr}$, defined by $M_{y,irr} = (M/L)\lambda_{y,irr}$, and that their interrelation is manifested by the number $n_{y,H}$, see Fig.2. In consideration of the interrelation between the gravitational mass $M_{y,G}$ and the non-gravitational „mass" $M_{y,irr}$, therefore it is plausible to speak of a *holism* being effective in the cosmos. Thus this holism, defined by

$$\frac{\lambda_{y,irr}}{\lambda_{y,G}} = \frac{M_{y,irr}}{M_{y,G}} = n_{y,H} \quad , \tag{39}$$

can be extended from (29) to the form

$$\frac{L}{M} = \frac{\lambda_{y,G}}{M_{y,G}} = \frac{\lambda_{y,irr}}{M_{y,irr}} = \frac{L_U}{M_U} \quad . \tag{40}$$

A further confirmation of this model yields the observation of the rotation of the *Foucault* pendulum. This rotation is an empirical hint at the rightness of the holism formulated in (40). It shows that the idea of a resting earth, and the noticed rotation being a phenomenon caused by the mass of the whole universe, really is allowed.

8. The structure of the three-dimensional space

As a result of our spatial imagination it is assumed that each galaxy or galaxy cluster contributes partially to the entire universe. Thus, when determining the total cosmic mass we sum up all masses of the galaxies, including also the dark matter. A totally new proceeding in its determination becomes obvious when equation (15) is transformed, taking into account the limiting situation $t_y = T_U$. In this case we have

$$L_U^2 \, \lambda_{y,G} = R_{y,T_U}^2 \, R_{y,Tu}^{*} \approx R_{y,T_U}^3 \quad . \tag{41}$$

The right side of this equation shows that the contribution of any galaxy or cluster of galaxies to the three-dimensional concept of our cosmos is described by $R_{y,Tu}^{2}R_{y,Tu}^{*} \approx R_{y,Tu}^{3}$. Within the framework of our imagination it is plausible to suppose that all partial spaces $R_{y,Tu}^{2}R_{y,Tu}^{*}$ sum up to the value of around L_U^{3}. However the left side of (45) indicates the possibility to obtain the total mass of the cosmos by means of the only "summation" of $\lambda_{y,G}$. This fact suggests the idea – seen with regard to the conclusions of the next chapter – that from the physical point of view the cosmos is divided into two parts: On one hand into the two-dimensional part, which refers to the non-gravitational "mass", represented by L_U^{2}, and on the other hand into the one-dimensional part connected with the gravitational mass. Both parts are interwoven. Therefore we can state that equation (41) – in agreement with the conclusions of Chapter 6 – confirms the model according to which the "gravitational energy" multiplied by the "reversible energy" yields the three-dimensional space.

It is remarkable that the features of the superconductivity, in particular the Quantum-Hall-Effect, expands only in a two-dimensional space, being undisturbed by localizations, for which three dimensions are required [8, 25].

Furthermore it is known that the three-body system is not exactly solvable in general. This fact appears to be an additional indication of the correctness of our space model.

The novel interpretation of the three-dimensional space, being consistent with the statements of (36) and (38), in view of (41) arrives at the interesting conclusion that the distance to the cosmic surface L_U^{2} must be independent of the place of observation.

A detailed analysis of (41) draws the important conclusion that a simple *summation* of all given λ_y-values *cannot* result in a correct value of the total mass $M_{U,G}$ of the cosmos. When e.g. single galaxies accumulate to a galaxy cluster, then all single galaxies belonging to this cluster are automatically considered in the $\lambda_{cluster,G}$. Seen from this point of view, the existence of superclusters, as e.g. the hypothesis of the Great Attractor, etc., is of great importance, because in such a case all galaxies and galaxy clusters are considered by the $\lambda_{superclaster,G}$. On the basis of (40) and Fig.1 it is allowed to extend this reasoning to the whole universe: An *extensive holistic connection* can be supposed, according to which all galaxies, considered by (43) and thus originating "fundamentally" in the so called *L-T-M* Big Bang, can exist solely inside the universe experienced by man. From this it can be concluded that $\lambda_{U,G} = (L/M)M_{U,G}$ represents the total gravitational mass, which owing to the holism refers to the whole universe.

9. Reflections on the cosmic Dark Energy

The equations (11), (29) and (40) show a further, important interrelation between the gravitational masses and the non-gravitational "masses" of the cosmos. Considering *not distance, but energy relations*, i.e. considering (11) with (9), we have – with respect to the uncertainty of time – at very low numbers of $n_{y,Tu}$, to take for the gravity-mass-related quantum number $n_{y,G}$ the number $n_{y,Tu}^{*}$, obtaining

$$\frac{M_U^2}{M_{y,G}\ M_{y,irr}} = n^{*}_{y,T_U}\ n^2_{y,T_U} \quad . \tag{42}$$

The multiplicative connection of the gravitational energy $M_{y,G}\,c^2$ with the non-gravitational energy $M_{y,irr}\,c^2$ demonstrated in (42) is of great consequence: It shows that the total energy of a galaxy, considered as an entirety of the gravitational and non-gravitational energies, is not obtained by addition of both energies. Figuratively speaking (42) shows that the distinctive features of the gravity are coupled on the time-space-"mass" connection defined by (27). The time uncertainty proves to be mostly pronounced at the limiting case $n_{y,Tu} = 1$. This limiting case describes the total energy state $M_U\,c^2$ of the cosmos, obtaining from (42) the interrelations:

$$\frac{M_U\,c^2}{M_{y,irr}\,c^2} = n_{U,T_U} \quad \rightarrow \quad 1 \quad , \tag{43}$$

$$\frac{M_U\,c^2}{M_{y,G}\,c^2} = n_{U,T_U}\ n^{*}_{U,T_U} \quad \rightarrow \quad n^{*}_{U,T_U,n=1} \quad . \tag{44}$$

The equation (44) shows that the gravitational total energy of the universe $M_{U,G}\,c^2$, obtainable by means of $n_{U,Tu} = 1$ and $n_G = 1$ in (9), is smaller than the total cosmic energy $M_U\,c^2$ at any T_U-time, and that its magnitude is at no time exactly determinable. The degree of the uncertainty of the total gravitational energy, also reflecting the uncertainty of the cosmic age, is given by

$$\frac{M_U\,c^2}{4} \;\leq\; M_{U,G}\,c^2 \;\leq\; \frac{M_U\,c^2}{2} \quad . \tag{45}$$

Hence it is not surprising that the total value of the gravitational cosmic mass, determined by the analysis of the cosmic microwave background radiation, amounts to 30% of the total cosmic energy [10]. This experimental result is in good agreement with (44) or (45). The "missing" energy of 70%, termed Dark Energy, is a result of the usual addition based approach to the energy. But seen with respect to (43)-(44), this procedure is not tenable, and due to our analysis no cosmic energy is lacking. Based on our simple model the Dark Energy, termed also "quintessence" [10, 26], is caused by the existence of the "irreversible" energy $M_{U,irr}\,c^2$, which owing to its wave-like, i.e. essentially non localized character looks mysterious, but nevertheless determines – in agreement with the prevailing opinion [10] – the expansion of the universe. This statement follows from (43)-(44), seen with respect to (28). As shown in Chapter 7, the cosmic gravitational energy $M_{U,G}\,c^2$ is related to the quantity $M_{U,irr}c^2$, but according to our simple quantization model of gravity, i.e. due to (9) and (45), it cannot exceed 50% of $M_{U,irr}c^2$ at any time. This signifies that the universe can only pass a historic but never regressing development.

10. Summary

The hypothesis is provided that the crisis of today´s physics is a result of the non-quantized, i.e. on a continuum based description of the gravity and the time. Several analyses have been performed and conclusions have been presented to substantiate the presumption firstly shown in [9]. The quantized description of the gravity is based on the quantized formulation of the gravitational distance, where the reference value reflects the *Einstein-Schwarzschild* radius. This quantization ansatz results in the quantized formulation of the reversible time, associated with the formulation of the gravitationally related time uncertainty. Thus new understanding and solutions for several aspects in the physics are suggested:

1) The quantization approach describing the gravitational effect at the macrocosmos can be considered as an analogy to the first and second *Bohr* postulates, which describe the fundamental laws of the electromagnetic interactions at the atomic microcosmos. Within the scope of these analogies, a gravitationally caused time-energy-limit is disclosed with reference to the *Planck* constant. Moreover it is shown that the change of the *energy* related time lapse can be interpreted as an analogy to the electromagnetic emission or absorption.
2) Starting from the quantized description of the second and third *Kepler* law, a *holism* effective in the cosmos is exposed, resulting from the angular momentum constancy. In connection with the analysis of the quantized third *Kepler* law an equation is presented describing the cosmic holism based only on the temporal and spatial constancy of the speed of light c and of the *Planck* constant h. It became obvious that a fixed

interrelation exists between the localized, gravitational, i.e. temporally reversible mass energy and the essentially wave-like, non-gravitational, i.e. temporally irreversible quantity of energy. Moreover, a holistic interrelation is shown between the galaxy referred gravitational mass, its non-gravitational energy and the non-gravitational total energy of the cosmos. This effect manifests itself in the galaxy related *halo*. This hypothesis is confirmed by the known data of the Milky Way. Evidently, these findings result in a novel cosmological model.

3) Seen in context of these findings, a model of a structured three-dimensional space is proposed, consisting of a two-dimensional part, which represents the essentially wave-like, non-gravitational, i.e. temporally irreversible cosmic energy, and a one-dimensional part, which refers to the localized, gravitational, i.e. temporally reversible energy of masses. Both parts are inseparably interwoven.
4) Within the scope of the model, according to which a multiplicative interrelation between the gravitational and non-gravitational *energies* exists, a hypothesis is proposed that the so called *Dark Energy* appears to be a consequence of the uncertainty of time effective in the cosmos. It is suggested that the solution of this problem can be found in the valuation of the relation between the cosmic non-gravitational and gravitational energies.

The agreement of the statements of the quantized gravitational model with the experimental data of the change of the energy related time lapse has been documented in Chapter 5b. Further it was pointed out that the model of a gravitationally induced quantization of time can be experimentally verified by observing a limit in the energy related time lapse measurement referred to the quantization theory.

In another paper [11] it has been demonstrated that – in agreement with the here exposed quantized gravity – the gravitational effect of the sun and the moon represents the fundamental limiting condition for the development of organic life. It has been shown that the results of the quantized gravitational model correspond to the empirical observations of the living nature.

Summarizing, it can be stated that, based on many observations and findings, the presented model of the quantized gravity contradicts the idea of an absolute causal determinism to be effective within the cosmos. Furthermore, it shows that the investigation of time, in particular of the characteristics of the reversible time and the time lapse, appears to be the starting point for overcoming the crisis in the physics, a supposition, recently expressed by *Lee Smolin* [27].

Acknowledgement: The author is indebted to *Ignaz Eisele* for his critical comments and continual support of this paper. Special thanks are given to *Ernst Zürcher* for his valuable remarks. The author is grateful to *Roland Bulirsch* for supplying the data of the time lapse determined by the GPS.

References

[1] L. Smolin, The Trouble with Physics. New York: Houghton Mifflin Company 2006.

[2] J.D. Barrow, *The world within the world.* Oxford/New York: Oxford University Press 1988. In german: *Die Natur der Natur*. Heidelberg: Spektrum Akademischer Verlag 1993; 526.

[3] P.C.W. Davis and J.R. Brown, *The ghost in the atom. A discussion of the mysteries of quantum physics*. Cambridge: Cambridge University Press 1986. In german: *Der Geist im Atom*. Frankfurt/M: Insel Verlag 1993.

[4] R. Penrose, *The emperor's new mind, concerning computers, minds, and the laws of physics*. New York: Oxford University Press 1988. In german: *Computerdenken.* Heidelberg: Spektrum der Wissenschaft, Verlagsgesellschaften 1991.

[5] J.D. Barrow, see [2]; in german p. 182.

[6] J.D. Barrow, *Theories of everything. The quest for ultimate explanation.* Oxford: Oxford University Press 1991. In german: *Theorie für Alles: die philosophischen Ansätze der modernen Physik.* Heidelberg: Spektrum Akademischer Verlag 1992; 229.

[7] A. Zeilinger, *Einsteins Schleier*. München: Verlag C.H.Beck 2003. *Einsteins Spuk. Teleportation und weitere Mysterien der Quantenphysik.* München: Goldmann 2007.

[8] K. v. Klitzing, G. Dorda and M. Pepper, *New method for high-accuracy determination of fine-structure constant based on quantized Hall resistance.* Phys.Rev.Lett. 1980; 45: 494-497.

[9] J.D. Barrow, see [2]; in german p. 113.

[10] G. Börner, *Der Nachhall des Urknalls*. Physik Journal 2005; 4: 21-27 [Heft 2].

[11] G. Dorda, *Sun, earth, moon – the influence of gravity on the development of organic structures*. München: Schriften der Sudetendeutschen Akademie der Wissenschaften und Künste 2004; 25: 9-44.

[12] H. Lesch und J. Müller, *Kosmologie für helle Köpfe*. München: Wilhelm Goldmann Verlag 2006.

[13] G. Dorda, see [11], Chapter 2; ps. 11-13.

[14] V. Kose und W. Bögner, *Neuere empfohlene Werte von Fundamental-konstanten*. Phys. Bl. 1987; 43: 397-399.

[15] L. Kostro, *De Broglie waves and natural units*. In: Van der Meer and Garuccio A, eds.: Waves and particles in light and matter. New York: Plenum Press 1994; 345-358.
[16] G. Dorda, see [11], ps. 16 and 33.
[17] G. Dorda, see [11], p. 14.
[18] Mende D, Simon G: *Physik*. Leipzig: VEB Fachbuchverlag 1983; 332.
[19] L. Smolin, see [1], p. 85.
[20] M. Berry, *Kosmologie und Gravitation*. Stuttgart: B.G.Teubner 1990; 158-162.
[21] D. Hausamann and J. Furthner, *Einstein und die Satellitennavigation*. In: Deutsches Museum: Einsteins Relativitätstheorien. München: Deutsches Museum 2005; 24-34.
[22] H. Lesch und J. Müller, see [12], p. 37.
[23] J. Silk, *A short history of the univers*. New York: W.H. Freeman and Company 1994. In german: *Die Geschichte des Kosmos*. Berlin: Spektrum 1996; 138-140.
[24] S. Hüttemeister, *Astronomie*. Vorlesungsskriptum, Kapitel 13 – Milchstraße. Bochum: Ruhr Universität 2006.
[25] S. Kivelson, D.-H. Lee and S.-C. Zhang, *Quanten-Hall-Effekt und Supraleitung*. Berlin: Spektrum der Wissenschaft 1996; 52-58 [Heft Mai].
[26] H. Lesch und J. Müller, see [12], ps. 193-196.
[27] L. Smolin, see [1], ps. 257-258.

Danksagung

Zunächst möchte ich mich herzlich bedanken bei **Prof. Dr. med. Albrecht Vogt**, Chefarzt Kardiologie, Diakonie-Gesundheitszentrum Kassel, für seine an mir im März 2009 durchgeführten lebensrettenden Maßnahmen, die es möglich machten, diese Arbeit über die quantisierte Zeit zu konzipieren und für eine Veröffentlichung vorzubereiten.

Sehr dankbar bin ich vor allem den Herren **Prof. Dr. Ignaz Eisele**, em., und **Prof. Dr. Walter Hansch** für die mir gebotene Möglichkeit im Institut für Physik der Universität der Bundeswehr München ab 1995 als Gastwissenschaftler auf dem Gebiet der Grundlagenforschung der Physik frei zu arbeiten und die in dieser Arbeit präsentierten Analysen und Modelle zu entfalten. Ich bin beiden Herren auch für ihre kritischen Bemerkungen und das laufende Interesse an dieser Arbeit äußerst dankbar.

Ein besonderer Dank gilt an **Prof. Dr. Doris Schmitt-Landsiedel**, Lehrstuhlleiterin für Technische Elektronik, TU München, für das Erkennen der Bedeutsamkeit dieser Arbeit und für ihre Bereitschaft sie im Cuvillier Verlag zur Veröffentlichung zu verhelfen.

Sehr verbunden bin ich der Sudetendeutschen Akademie der Wissenschaften und Künste, München, vor allem **Prof. Dr. med. H.F.K. Männl**, dem Sekretär der Naturwissenschaftlichen Klasse, wie auch den Präsidenten **Prof. Dr. phil. W. Jaroschka** (†) und **Prof. Dr. rer. nat. Dr. h. c. mult. F.R. Fritsch**, dass sie mir die Möglichkeit boten die Vorarbeiten – hier vorgelegt in *Appendix A, B und C* – in der Schriftenreihe der Akademie der Jahre 2001, 2004 und 2008 zu veröffentlichen.

Sehr hilfreich erwiesen sich all die mir zur Verfügung gestellten Informationen über die Mondeinflüsse auf die Natur durch **Prof. Dr. Ernst Zürcher**, Schweiz, wie auch das Buch „*Peripheral Hearing Mechanisms in Reptiles and Birds*“, Springer, welches ich vom Autor, **Prof. Dr. G.A. Manley,** erhalten habe. Deshalb möchte ich beiden meinen herzlichen Dank zum Ausdruck bringen.

Für die immerwährende Bereitschaft, alle meine neuartigen, noch unausgereiften Überlegungen anzuhören und kritisch zu bewerten, möchte ich mich bei **Dr. F. Wittmann**, Lehrstuhl für Technische Elektrophysik, TU München, bestens bedanken.

Prof. Dr. Bernhard Bullemer, em. von der Universität der Bundeswehr München, sei gedankt für die Förderung und den wissenschaftlichen Rückhalt, den er mir beim Verfassen der Arbeit über den Sonne- und Mondeinfluss auf die Natur geboten hat – hier vorgelegt als *Appendix B*.

Einen besonderen Dank möchte ich aussprechen Herrn **Dr. Ruprecht und Frau Waltraud von Siemens,** Siemens AG, für das andauernde Interesse an allen meinen Arbeiten.

Vielen Dank bin ich schuldig Herrn **Dr. Harald Gossner**, Infineon, München, (Tochterfirma der Siemens AG), für das in „Historisches Archiv“, April 2008, veröffentlichte Interview über die von mir geleisteten Vorarbeiten zur Entdeckung des Quanten-Hall-Effektes durch K. v. Klitzing (Nobel-Preis 1985). Eine zusätzliche Bemerkung im Rahmen des Interviews: Der russische Exagent Alexander Litvinenko wurde in London 2006 mittels Polonium 210 vergiftet. Mit diesem Material musste ich im Institut für Festkörperphysik, Tschechoslowakische Akademie der Wissenschaften, Prag, für meine Diplomarbeit (Karls-Universität, 1955/1956) arbeiten – meine sudetendeutsche Herkunft war der ausschlaggebende Hintergrund dafür.

Prof. Robert M. Helmschrott, Komponist und em. Präsident der Hochschule für Musik und Theater, München, bin ich sehr verbunden für die Vermittlung der Vortragsreihe über die Zusammenhänge von Musik und Physik, gehalten auf seiner Hochschule 2002/2003.

Danken möchte ich auch em. **Prof. Dr. M. Lang** und **Prof. Dr. H. Fastl** vom Inst. für Akustik - Mensch – Maschine, TU München, wo ich erstmals das Modell des quantisierten Schalls, Mai 2000, vorstellen durfte.

Weiterhin möchte ich vielen herzlichen Dank sagen Herrn **Dr. Ing. Markus Reinl** für die Jahre andauernden Hilfestellungen bei der Computer gerechten Gestaltung der Veröffentlichungen, wie auch Frau **Karin Bächle** für die elektronische Anfertigung aller Abbildungen.

Last but not least – *ein ganz besonderer Dank* gehört meiner Frau **O-StR. Anna Dorda**, die meine des Öfteren „geistige Abwesenheit“ mit viel Geduld und Nachsicht ertragen hat. Deshalb sei dieses Buch ihr gewidmet.